LA BÊCHE,

OU

LA MINE D'OR

DE LA

FLANDRE ORIENTALE.

LA BÊCHE,

OU

LA MINE D'OR

DE LA

Flandre Orientale.

INTRODUCTION.

Cet ouvrage est écrit dans la vue particulière de parvenir à la solution des questions suivantes : *Quel est l'état des Landes et des Bruyères dans la Flandre Orientale, et quels sont les moyens de les mettre en culture?* L'attention qu'exige la tentative de cette solution a naturellement dirigé l'examen sur les méthodes, les principes suivis de culture, de l'emploi des engrais, de l'éducation du bétail, de l'art de gouverner les laitages, ainsi que de tous les autres objets pratiques de la culture rurale, qui entrent dans le plan de cet ouvrage.

PREMIÈRE PARTIE.

QUESTION : *Quel est l'état des Landes et Bruyères de Flandre Orientale, quels sont les moyens de les mettre en culture ?*

Les défrichemens des Landes et Bruyères ont été de notre temps entrepris sur des grandes superficies de terrains. Elles s'étendaient premièrement sur un terrain assez spacieux pour y établir une ferme à une charrue ; ces terres après avoir été cultivées pendant cinq ou six ans ont été mises en bois pour tailles et l'on defricha d'autres parties de la bruyère, ainsi successivement on est parvenu à faire disparaitre des grandes étendues de marais, Landes ou Bruyères et à les remplacer par des bois.

Cette opération a conduit en résultat à la nécessité de donner les soins, pendant vingt ans, à cette culture et à ces bois, ce terme étant celui après lequel la première coupe productive peut avoir lieu (1); mais alors le revenu n'était plus égal à celui que l'on pouvait espérer d'avances faites à un si long terme : pour ces raisons ces cultures sont totalement abandonnées. S'il arrive quelquefois que nous voyons entreprendre la culture d'une petite portion de terre sans valeur, c'est que le propriétaire n'a consulté que la disposition favorable du terrain ; qu'il peut en tirer parti par les seuls travaux de tourner la bruyère,

---

(1) Savoir six ans de culture; on coupe les premières tiges à quatre ans afin de former le tronc, et on fait la coupe productive à l'age de 8 à 9 ans.

de séparer le terrain en planches, d'y semer la graine de sapins, recouverte après avec la terre enlevée des sillons qui séparent les planches, préférant d'être dégagé pour long-tems de tout soin et d'attendre la compensation de cette légère avance dans le produit de ces bois de sapin.

D'autres dispositions peuvent être comptées parmi les moyens usités des défrichemens : ce sont ceux entrepris par des pauvres journaliers; l'on est par trop prévenu contre ces établissemens, qui à la vérité, occasionnent parfois l'extrême indigence et le plus souvent deviennent une surcharge à la commune. Cependant en pénétrent bien la cause de cet inconvénient, l'on sera tenté d'en accuser l'avarice du propriétaire de la bruyère qui, pour en obtenir le plus haut prix, partage sa propriété par petites parties qu'il cède à ces ouvriers, par bail quelconque, pour la valeur de quelques journées de travail ou pour une très-modique somme, étant persuadé que ce sont ces petites rétributions qui se payent avec exactitude, ou du moins qui sont plus facilement payées par eux. Il rénnit ainsi, dans une même endroit, un grand nombre de chaumières ou aucun des habitants n'est à même de déployer son industrie; si au contraire ces cultivateurs ouvriers avaient à leur disposition le terrain convenable à une exploitation, ont peut avoir la certitude, qu'après un certain laps de tems, ces chaumières deviendraient autant de petites fermes. Citons un exemple : un journalier et sa femme surchargés d'enfans, et dont le produit de leurs journées suffissait à peine à se procurer les alimens nécessaires à la vie, étaient dans l'impossibilité de payer le faible loyer d'un petit logement, se trouvant sans asile ils furent forcés de chercher une retraite dans la bruyère, préférant de s'y rétirer plutôt que de s'éloigner du lieu où ils trouvaient de l'occupation, et de s'exposer à tomber dans la plus affreuse misère, en se mettant au rang des gens sans aveu. La commisération qu'ils excitaient engagea le propriétaire de la bruyère à leur céder par bail un arpent (1), avec promesse d'en avoir plusieurs, s'ils pouvaient parvenir à le mettre en culture; en même tems d'autres particuliers leur donnèrent quelques bois et de la paille pour se construire une baraque. Ces personnes s'appliquant constamment à améliorer leur sort, et étant obligées de vivre une grande partie de l'année à leurs dépens, employèrent le tems qu'ils n'étaient pas occupés par leurs fermiers, ou par ceux qui leur donnaient de l'ouvrage à la coupe des bois, à l'entretien des chemins ou à d'autres travaux, à tirer parti du terrain qui leur était confié. Leurs cultures dans le principe étaient très-médiocres, n'étant nullement en état de faire les dépenses nécessaires; cependant on les a vu prospérer à mesure qu'ils avaient amassé quelqu'aisance par les premières récoltes, et surtout lorsqu'ils furent parvenus à étendre leur exploitation pour pouvoir tenir deux vaches à lait, au point qu'ils ont été à même de pouvoir remplacer leur barague par une maison bâtie en partie en briques. La réalité de ce que l'on avance ici, existe dans les environs de la commune d'Aelter, à l'endroit dit Aelters-hoeksken, comme l'on peut citer, parmi de pareils exemples, le fait avéré dans la commune de Maldegem, où un journalier, devenu cultivateur dans la bruyère, a laissé, après sa mort, à ses deux enfans une exploitation, dont la valeur par estimation montait à quarante mille florins.

Ce dernier moyen de défrichement est d'autant plus intéressant qu'il présente celui de conserver

(1) L'arpent égale 44 ares 57 aunes.

la population, tandis que le premier sous ce rapport reste imparfait. En effet dans plusieurs communes l'on voit des landes qui conservent les traces d'une culture, que la tradition nous apprend avoir été mises à portée de donner de belles productions, mais après avoir été converties en bois, elles sont retombées en friche, étant devenues la possession des personnes insouciantes, qui ont négligé de donner à ces bois les soins qu'ils exigent. Ce n'est donc qu'en multipliant les habitations, au milieu de ces terres ingrates, qu'on peut être assuré qu'elles seront conservées en valeur. On sentira cette vérité si l'on fait attention que les terres maigres, légères et sablonneuses, dans les cantons peuplés donnent des réproductions annuelles.

Il parait essentiel de s'étendre sur la pratique de défricher les terres; par ces détails nous pourrons peut-être parvenir à découvrir des moyens qui concilièront les intérêts de ceux qui voudraient en faire l'entreprise, en admettant le genre d'économie, qui favorise le plus les réproductions et qui occupe le plus grand nombre de bras.

Toutes nos bruyères présentent des inégalités, des localités, où les eaux se concentrent et qui sont inondées une grande partie de l'année. Pour en tirer parti par l'agriculture il faut disposer la terre, de manière que les eaux puissent s'écouler facilement, pour ne pas perdre le fruit de ses labours, de ses engrais et de ses sémailles. Le principe de labourer en planches est certainement celui qui contribue avec le plus d'efficacité à débarrasser les terres des eaux pluviales superflues, mais cette opération, surtout dans les terres basses, serait de peu de réussite si les sillons qui séparent les planches ne communiquent par leurs extrémités avec les fossés qui vont porter les eaux aux canaux généraux de desséchement. Il est donc indispensable d'établir ces fossés.

Les avances à faire pour l'exécution de ce travail doivent varier suivant les localités, la disposition favorable, la situation du sol et suivant les chemins à faire pour y avoir accès. Ecartons les difficultés qui peuvent se rencontrer, et suivons l'entreprise faite sur une étendue assez grande, pour suffire à l'exploitation d'une ferme, d'une charrue ou quarante quatre arpens environ de terres labourables, divisés en neuf enclos, nous aurons;

1. Les fossés à creuser, qui prennent en largeur sept pieds et en profondeur trois pieds, en tout: cent soixante un mille cinq cent soixante quatorze pieds de superficie, à un demi liard par pied, fait . . . . (1)	fl.	1009-16-9
2.° Prenons pour les dépenses des chemins, y compris l'affaissement des levées qu'il faut surhausser sur une longueur de trois mille pieds et de seize pieds de largeur, à un demi liard par pied, fait . .	fl.	300- 0-0
3.° Pour donner un labour à bras de trois pieds de profondeur, sur une longueur de trente trois mille six cents pieds, et en largeur trois pieds, en tout cent mille huit cent pieds, que prennent les plantations des haies, y compris onze		
A TRANSPORTER	fl.	1309-16-9

(1) Un florin de Brabant fait 85 cents; un sól ou 4 cents; 3 deniers un cents.

REPORT	fl.	1309-16-9
mille deux cents plantes, à quatre florins par mille et les frais de planter.	fl.	194-16-0
4.° Les premières opérations de cultures, avant que les terres soient disposées pour recevoir les engrais et les sémailles, trois labours, à quatre florins par arpent sur quarante quatre arpens, fait . . .	fl.	528- 0-0
5.° Pour surhausser le sol dans les endroits les plus bas . . .	fl.	298- 2-3
6.° Les bâtimens	fl.	4669- 5-0
TOTAL	fl.	7000- 0-0
A quoi il faut ajouter l'intérêt de sept mille florins pendant trois ans avant les rentrées des productions, à 5 o/o	fl.	1050- 0-0
Et les frais pour surveiller les travaux pendant deux ans . .	fl.	600- 0-0
LA FERME REVIENT A	fl.	8650- 0-0

Le propriétaire après avoir fait, en deux ans, la dépense de huit mille six cent cinquante florins, n'avait point alors ses terres disposées à recevoir tous les articles qui forment la culture ordinaire, motif plausible pour qu'aucun fermier ne voulut s'en charger qu'à vil prix, d'autant plus que les plantations des haies, si utiles pour fertiliser les bruyères, ne pouvaient encore produire leurs effèts, c'est à peine qu'il put obtenir pour prix de bail trois et demi pour cent de l'argent avancé, sans comprendre le prix d'achat de la bruyère. L'on sent bien d'après cela que ceux qui ont entrepris des défrichemens pour y établir une ferme, ont la persuasion qu'il est plus avantageux d'employer leur capital à acheter des terres déjà cultivées, et à les améliorer, que de porter la charrue là où elle n'a pas encore passé.

Ce résultat peu satisfaisant détermina ceux qui avaient des grands capitaux disponibles à continuer leurs exploitations par eux-mêmes, au lieu de les affermer et à poursuivre les défrichemens pour les mettre en bois pour taillis, après avoir cultivé ces terres pendant quelques années, afin d'éviter des nouvelles dépenses en bâtimens ruraux, espérant de rendre, par ces moyens, la spéculation moins onéreuse. Ils ont fourni à la personne chargée de la direction de tous les travaux, les chevaux, les instrumens aratoires, le bétail, les sémences et ont fait les frais pour la nourriture des hommes et des bestiaux jusqu'au tems de la première récolte; en un mot ils ont fait les frais de première établissement et ceux de culture. Ainsi il fallait se résoudre à dépendre entièrement de cette personne, parcequ'il leur est impossible d'être constamment présens à tout les travaux, ce qui n'était pas sans inconvénient puisqu'ils étaient, à chaque instant, exposés à ne trouver à remplacer l'homme de probité qui est en état d'en gouverner les affaires; le travail cesse s'il tombe malade ou s'il se retire, et ce sont précisement ces événemens préjudiciables qui ont découragés ceux qui en ont fait l'épreuve.

Voyons de quelle manière un jounalier, qui n'a d'autres ressources que ses bras, y a pu réussir. L'objet de diviser le terrain en parcelles, de tracer les fossés qu'il convient de creuser, de même que de tracer les chemins, semble pour lui n'être qu'un travail à faire en même tems que ses petites parcelles de défrichement s'étendent. N'ayant en vue que de diminuer la somme de ses besoins, il s'attache particulièrement à cultiver la pomme de terre; il cherche l'endroit de la bruyère le plus favorable pour ses premières cultures, et fixe son attention sur un nombre de perches de terre mises à portée de pouvoir en faire par lui même, tous les travaux, assisté de son épouse et de ses enfans. Ils commencent, pendant leurs momens de loisir, par tourner la bruyère avec la bêche, leur unique instrument d'agriculture; cette bruyère est mise en tas pour la décomposer, moyen par lequel ils obtiennent le premier engrais; l'année suivante au mois de mai cette partie, après avoir réçue un labour à la bêche, est mise en état de recevoir les pommes de terre, sur lesquelles, après être levées de terre, ils répandent l'engrais de vidanges qu'ils ont eu soin de conserver. Cette première récolte, n'en doutons pas, ayant doublé d'activité parcequ'on s'attache à ce qui est devenu en quelque sorte son patrimoine, fait qu'ils ont cultivé une espace de terrain assez grand pour y obtenir bien au-delà des besoins pour la consommation du ménage, et les met en état de se faire séconder dans les travaux de la campagne qui suivent, moyennant une juste compensation en cette denrée. Tant que leur existence n'est pas assurée ils préférent ce moyen à celui d'aller moins souvent travailler pour leur fermier, parceque c'est surtout dans les cas de nécessité qu'ils trouvent à la ferme, du pain, des laitages et d'autres secours; de cette manière, en se faisant séconder par un autre journalier, ils entreprennent de défricher une deuxième partie de bruyère; et ils mettent la première partie défrichée en seigle, après la récolte des pommes de terre. La troisième année ils font le défrichement d'une troisième partie; au seigle ils ont fait succéder les sémailles de sarrazin, et aux pommes de terre celles du seigle, et ont continué ainsi d'année en année leurs défrichemens et leurs cultures.

TABLEAU

(*Page* 15.)

Réprésentant l'ordre suivi du défrichement de six arpens de bruyère, et l'assolement convenable pour fourni à la nourriture de deux vaches à lait et d'une génisse.

ORDRE SUIVI DE CULTURE.										ASSOLEMENT ET SUCCESSION DE CULTURE (1).							
Désignation des parties.	Nombre de perches.	1.re année.	2.e année.	3.e année.	4.e année.	5.e année.	6.e année.	7.e année.	8.e année.	9.e année.	10.e année.	11.e année.	12.e année.	13.e année.	14.e année.	15.e année.	16.e année.
1	215	0	pommes de terre.	seigle.	sarrasin	pommes de terre	seigle.	avoine.	tréfles.	pommes de terre	seigle et navets.	carottes	lin.	seigle et navets.	avoine.	tréfles.	pommes de terre
2	215	. . .	. . .	pommes de terre.	seigle.	sarrasin	pommes de terre	seigle et navets.	avoine.	tréfles.	pommes de terre	seigle et navets.	carottes	lin.	seigle et navets.	avoine.	tréfles.
3	215	. . .	. . .	. . .	pommes de terre.	seigle.	sarrasin	pommes de terre	seigle et navets.	carottes	lin.	seigle et navets.	avoine.	tréfles.	pommes de terre	seigle et navets.	carottes
4	215	. . .	. . .	. . .	. . .	pommes de terre.	seigle.	sarrasin	pommes de terre	seigle et navets.	carottes	lin.	seigle et navets.	avoine.	tréfles.	pommes de terre	seigle et navets.
5	215	. . .	. . .	. . .	. . .	. . .	pomines de terre.	seigle et navets.	carottes	lin.	seigle et navets.	avoine.	tréfles.	pommes de terre	seigle et navets.	carottes	lin.
6	215	. . .	. . .	. . .	. . .	. . .	. . .	pommes de terre.	seigle et navets	avoine.	tréfles.	pommes de terre	seigle et navets.	carottes	lin.	seigle et navets.	avoine.
7	215	. . .	. . .	. . .	. . .	. . .	. . .	. . .	pommes de terre.	seigle et navets.	avoine.	tréfles.	pommes de terre	seigle et navets.	carottes	lin.	seigle et navets.
	1505 ou cinq arpens cinq perches (2).																

(1) Plusieurs personnes confondent l'assolement avec la succession de culture : cette distinction est cependant marquante; on n'a qu'à observer que 1.°, pommes de terre; 2.° seigle; puis navets en seconde récolte; 3.° carottes; 4.° lin; ou 3.° avoine et tréfles; 4.° tréfles est l'ordre de rotation dans lequel les végétaux se suivent sur le même champ, ce qui ne peut établir l'assolement d'une ferme, si elle admet les diverses plantes de ses cultures ordinaires, l'une en plus grande quantité que l'autre; ici les terres sont bien divisées en parties égales, mais les besoins de l'exploitation exigent deux soles de seigle, puis navets en seconde récolte, ce qui constitue bien avec les autres plantes désignées dans les colonnes 9.e à 16.e, l'assolement auquel elle est soumise : nous y reviendrons ci-après.

(2) On n'a ici compris que le nombre de perches de terre mises en labour : on peut supposer que le verger, les fossés, les haies et les accès aux parcelles prennent 295 perches, lesquelles jointes aux 1505 perches, font 1800 perches ou 6 arpens.

p
ta
qu
co
en
hu
po
enf
pés
puis
avoi
neu
les
et

—

(
3o
fort
tem
12 p

es
e
le
le

es

Pour confirmer davantage ce fait, traçons le tableau de l'ordre suivi de cette culture, il nous sera facile ensuite de faire les calculs approximatifs des produits et dépenses, et nous verrons si leurs bénéfices ont permis d'exécuter ce que nous venons d'avancer, et s'ils ont suffisamment de prairies artificielles pour pouvoir nourrir deux vaches à lait.

PRODUITS ET DÉPENSES

DE

L'EXPLOITATION CI-CONTRE.

Les opérations à faire sur deux cent quinze perches pour tourner la bruyère, la mettre en tas, donner deux labours profonds à bras et celles qu'exigent la culture des pommes de terre, y compris l'enlevement de la récolte, demandent environ cinquante six journées d'homme et dix-huit journées de femme. (1) Nous pouvons supposer que notre journalier, sa femme et ses enfans, pendant le tems qu'ils ne sont pas occupés par leur fermier, particulièrement le mari, puisqu'il est au moins trois mois de l'année sans avoir du travail à la ferme, et à la femme pendant neuf mois, aient suffi, pendant l'année, à tous les travaux de cette espace de terrain en friche et de sa culture. D'après ces données nous allons

---

(1) Dans les environs de Gand un laboureur ameublit avec la bêche 30 perches de terre par jour; à Oordegem, où les terres sont plus fortes, 20 perches par jour; dans les prairies pour tourner en même tems les gazons 15 perches par jour : le calcul ci-dessus n'est fixé qu'à 12 perches par jour. (Voyez ci-après le rélevé par arpent, page .)

suivre les mouvemens progressifs de chaque année après déduction des frais.

Mouvemens progressifs après déduction des frais.

La seconde année ils ont fait une récolte de pommes de terre au moins de soixante dix sacs ; déduit la consommation pour eux et cinq enfans en bas âge, au plus trente-deux sacs, il y a un excédent de trente huit sacs, à un florin cinq sols par sac, pesant environ deux cents livres, fait . . . . fl. 47-10-0

Au moyen de l'excédent de la récolte des pommes de terre ou de la valeur en numéraire, ils ont payé les journées et les autres dépenses à faire, ceux de l'année et ceux de l'année suivante, à la première partie mise en seigle, donc à déduire ces dépenses, montant à 37- 1-4

A la 2.me année le bénéfice est fl. 10-08-8

La troisième année ils ont eu :

1.° De 6 1/2 sacs de seigle, à 5 fl. par sac, à . . . fl. 31-13-9

2.° De la valeur de la paille 33-06-8

3.° De l'excédent des pommes de terre l'équivalent de la 2.me année. 47-10-0

} 112-10-5

TOTAL fl. 122-19-1

Déduisons pour les cultures suivantes :

1.° La dépense pour le seigle

A REPORTER fl. 122-19-1

		Mouvemens progressifs après déduction des frais.
REPORT		fl. 122-19-1
comme ci-dessus . . fl.	37-1-4	57- 6-8
2.° Celle pour le sarrasin	20-5-4	
A la 3.me année le bénéfice est		fl. 65-12-5
La 4.me année il faut y ajouter les produits :		
1.° Du seigle, de la paille et des pommes de terre comme ci-dessus fl.	112-10-5	146-7-11
2.° De la récolte du sarrasin, 6 1/4 sacs à 5 fl. et 700 livres de paille, à 1/4 liard la livre, fait	33-17-6	
TOTAL		fl. 212- 0-4
Déduisons de même pour les cultures qui suivent :		
1.° Les frais pour les pommes de terre après le sarrasin . . . fl.	64-13-0	121-19-8
2.° Idem du seigle et du sarrasin. (Voyez ci-dessus.)	57- 6-8	
A la 4.me année le bénéfice est		fl. 90- 0-8
A la 5.me année les produits sont :		
1.° De la 2.me partie mise en pommes de terre . . . . fl.	87-10-0	233-17-11
2.° Du seigle, du sarrasin et de l'excédent des pommes de terre. (Voyez ci-dessus)	146- 7-11	
TOTAL A REPORTER		fl. 323-18-7

	Mouvemens progressifs après déduction des frais.
REPORT	fl. 323-18-7
Prélevons encore les frais de culture qui suivent :	
1.° Pour ceux des pommes de terre après le sarrasin, ceux du seigle et du sarrasin la somme y employée comme d'autre part fl. 121-19-8 2.° Ceux de la seconde partie mise en seigle 37- 1-4	159- 1-0
A la 5.me année le bénéfice est	fl. 164-17-7
La 6.me année les produits sont : 1.° De deux parties mises en seigle, 2.° du sarrasin, 3.° de deux parties en pommes de terre, après déduction de la consommation en tout	398-17-6
TOTAL	fl. 563-15-1
Il leur fallait cette année et l'année d'ensuite pour subvenir à tous les frais de culture :	
1.° La somme qu'ils avaient employée l'année précédente montant fl 159- 1-0 2.° Celle pour la culture de l'avoine, à 53-18-5	212-19-5
A la 6.me année le bénéfice est	fl. 350-15-8

Par cet exposé nous avons la conviction qu'un journalier, chef de famille, qui entreprend le défrichement de six arpens, trouve déjà à la seconde année un adoucissement dans son existence par sa provision de pommes de terre, que d'année en année, il peut ajouter au gain qu'il fait par ses travaux à la ferme, qu'en cédant à d'autres journaliers l'excédant de sa récolte de pommes de terre, et par le produit de ses autres récoltes, il peut subvenir aux dépenses, que nécessitent tous les ans les frais de culture. Nous pouvons même supposer, que ses enfans ont pu le seconder dans ses travaux, et qu'à la 4.me et les années suivantes il a fait une économie très-conséquente sur les dépenses d'engrais, que nous avons du comprendre dans le dépenses, pouvant les employer à former du caferain, car il est de fait qu'un enfant de sept ans a réuni pendant l'hiver un fumier qui s'est vendu quarante huit florins. N'en doutons pas ses gains ont dépassé à la sixième année le résultat que détermine notre calcul; il était en état de pouvoir se construire une chaumière; il avait de disponible après déduction faite des frais de culture, tant pour l'année, que pour la septième année, une somme de trois cent cinquante florins, quinze sols, huit deniers, avec cette somme on peut établir une chaumière commode et convenable à sa destination. Il est vrai que ces établissemens sont construits aux moindres frais possibles qu'il n'y a que la partie où est placée la cheminée, le souterrain et la fosse aux urines qui est bâtie en briques, le reste est en chaume.

Observons qu'à la septième année, après la récolte de seigle, il a obtenu la même année en seconde récolte des navets, quatre-cent-trente perches mises en cette production lui assuraient au-delà du nécessaire pendant l'hiver pour la nourriture d'une vache à lait. Il a donc pu, à la fin de cette année, tenir cet animal précieux, et ayant semé dans l'avoine des trèfles, sa subsistance était assurée pendant l'été de l'année suivante.

A cette époque notre journalier a pu se passer de son fermier. Il est devenu cultivateur lui-même. Ses récoltes de seigle, de pommes de terre et le produit de sa vache, assurent la subsistance de sa famille, la récolte du lin, en donnant de l'occupation à tous, affermit sa prospérité, et l'assolement qu'il adopte lui permet de tenir deux vaches et une génisse, nourries avec ses récoltes; les pailles étant converties en engrais suffisent aux besoins qu'exigent ses terres et le bétail lui fournit les courtes graisses. C'est ainsi que ces pauvres journaliers, se vouant à l'existence la plus dure, sont parvenus, par des soins assidus, à mettre un terme à une vie austère et ont fait des efforts qui les ont menés à la fortune.

Nous nous sommes proposés par ces récits de diriger nos vues vers la méthode qui parait être la plus propre à atteindre notre but. Nous voyons qu'en établissant une ferme à une charrue, celui qui en fait l'entreprise ne peut retirer qu'un foible intérêt de son argent, et que s'il s'engage à faire les dépenses pour monter la fermer en chevaux, instrumens aratoires, petits outils, ustensiles de ménage et celles pour subvenir jusqu'à la premiere récolte aux frais de culture et de nourriture, il doit suppléer à son capital fl. 8650- 0-0

1.° Pour les objets ci-dessus, par approximation, la somme de 5337-10-0

2.° Pour la nourriture des hommes et des bestiaux celle de 2512-10-0

TOTAL fl. 16500- 0-0

De manière que ces entreprises qui demandent un capital de seize mille cinq cents florins ne sont que le partage de personnes très-fortunés, et par cette seule raison il n'était pas ordinaire de les voir commencer, et elles doivent être pour l'avenir bien plus rares, puisque leurs spéculations n'ont pas répondues à ce qu'on en attendait tant sous le rapport de l'intérêt que par d'autres considérations, à savoir : il est difficile de diviser ces propriétés d'une grande étendue où il n'y a qu'une seule habitation à laquelle on a joint quelqu'arpent de terres labourables et où le reste est mis en bois, conséquemment ces biens demeurent en commun s'il y a plusieurs héritiers ; en second lieu, personne ne cherche à faire de pareilles acquisitions, puisqu'on est obligé de continuer par soi-même les soins de la manutention ; la même confiance qu'aura inspirée la personne qui en est chargée ne peut exister en celui qui voudrait en faire l'acquisition, il craindra toujours d'être porté à des dépenses ruineuses par la nonchalence de ces régisseurs, surtout s'il n'est lui-même pas assez instruit par des procédés agronomiques ; troisièmement, ces biens n'ont pas la valeur des autres propriétés, il ne peut y avoir grande concurrence dans les ventes comme pour les petites propriétés. Ces diverses raisons nous conduisent à réfléchir sur les moyens de défrichement que nous venons d'exposer en dernièr lieu ; il a le double avantage de multiplier les habitans, en même tems qu'il peuvent concevoir l'espérance d'augmenter leur fortune par leur travail et leur économie.

Il s'agit ici de donner aux possesseurs la certitude d'être dédommagés du profit qu'ils peuvent retirer de leurs capitaux, en les faisant valoir différemment, objet qui leur importe les plus et qui est le seul moyen de les engager à concourir au défrichement des terres, comme aussi de conserver au laboureur la possibilité d'amasser un peu d'aisance.

Il semble parmi des propriétaires des terres en friche qu'en cédant à des ouvriers, lorsque l'occasion s'en présente, des petites portions que c'est le moyen d'en obtenir le plus grand prix. Il s'en suit que les défrichemens sont restreints à ces petites portions; que les enfans, ne voyant chez leurs parens que la misère, sont toujours disposés à les quitter dès qu'ils trouvent l'occasion d'être placés comme domestiques ou vachers; que le journalier avancé en âge, abandonné à lui-même, n'est plus en état de cultiver sa partie de terre, de payer le prix de fermage tout modique qu'il soit; son établissement tombe en ruine, les débris ne peuvent compenser les arrerages, la chaumière est détruite, et après une trentaine d'années le propriétaire retrouve ses terres dans leur premier état de maigreur, tandis que si l'on avait confié au journalier pour le prix que ses moyens permettent de payer, au commencement de son établissement, le terrain nécessaire à l'entretien des bêtes à cornes, l'abondance aurait succédé à cet état malheureux, la vie aisée qui en est la suite, aurait retenu près de lui ses enfans que son exploitation permet d'employer pendant toute l'année et s'ils contractent mariage l'exemple de leurs parens les auraient déterminé à les imiter; ainsi successivement des défrichemens peuvent s'opérer sur des étendues immenses.

L'on s'imagine bien qu'à l'expiration du bail à long terme ces terres étant bien cultivées, ont une valeur bien au-délà des espérances du propriétaire, qui ne sera pas en peine de trouver des locataires qui lui en payeront un prix avantageux, et que cette valeur doit encore s'accroitre à mesure que la population s'augmente en cet endroit.

Nous ne pouvons nous dispenser de déterminer ici le nombre d'arpens. Il faut, si nous voulons exécuter notre projet d'établir une petite ferme, consulter si les bénéfices que l'on peut espérer des terres, peuvent entrer en compensation des intérêts de l'argent employé pour la construction des bâtimens, comme aussi celui de son exploitation. L'on doit encore prévoir les charges dont les terres peuvent être grevées à l'avenir, celui qui prend à ferme, fixe son prix sur la connaissance des impositions; toutes ces considérations sont à méditer si l'on veut spéculer avec quelques succès.

Nous avons sous les yeux l'exploitation de notre journalier devenu cultivateur: cet exemple pourra nous guider dans nos recherches. On ne peut plus envisager cet homme forcé de mener le même genre de vie pour atteindre un heureux avenir; il est au rang des fermiers; c'est à ceux-ci qu'il faut le comparer; leurs vues deviennent les siennes. Avant de prendre cette petite ferme à bail, il verra si, outre l'intérêt de l'argent qu'il doit y employer pour son établissement, il peut s'y procurer la vie pour les soins de la manutention, cette compensation s'accorde aussi bien avec la justice qu'avec la raison.

Par les produits de sa petite ferme il a le nécessaire, nous sommes même assurés que les rentrées des ventes annuelles des objets qui n'y sont pas consommés, compensent au-délà de ses dépenses diverses qu'il est obligé de faire pour pouvoir effectuer son exploitation et pour l'entretien de son ménage. Par calcul nous trouvons que le bénéfice net est dix-huit florins, divisé par six, est pour chaque arpent trois florins. Cette somme ne peut couvrir les intérêts, ni celui des bâtimens, ni celui d'établissement, même telle charge, si petite qu'elle soit, serait pour lui une pure exaction, si elle n'est calculée en diminution du produit. S'il y a nombre d'établissemens auxquels il n'y a pas plus de terres attachées, dont les propriétaires retirent de la valeur des bâtimens et de la valeur des terres un revenu honnête, alors ce revenu n'est plus basé uniquement sur les produits territoriaux, mais sur le concours de plusieurs établissemens réunis, celui qui l'afferme pouvant y exercer une profession quelconque, la favorable occurence de ces deux moyens, lui permet d'en payer la rente. Ce n'est qu'après que ce concours ait lieu, que les métiers et les arts mécaniques s'y fixent. Cet avantage ne se présente pas ici, il faut nécessairement que notre ferme ait plus de terres à exploiter.

Forcés de nous contenir dans les bornes qui ne nécessitent que des petites avances en constructions, si nous voulons suivre en quelque sorte la marche qu'a tenue notre journalier devenu cultivateur, les exploitations rurales que nous connaissons où les travaux s'exécutent avec un seul cheval et la plus grande partie à bras d'hommes, dont l'étendue est de quinze à vingt arpens, semblent pouvoir remplir les vues que nous nous proposons. Ces établissemens exigent en constructions, sans compromettre la convenance d'aucune de leurs parties, une somme d'environs seize cents florins. En ne faisant effectuer le construction du logement du fermier, pouvant attendre d'établir la grange jusqu'au moment que les exploitations soient assez avancées pour pouvoir en faire usage, savoir : la cuisine, la loge à tisser, la chambre à coucher et la cave, l'étable à vaches qui communique avec la cuisine, qui peut servir momentamment de grange et à resserrer et à conserver différents objets et produits de l'agriculture, la pompe, le lieu d'aisance et les citernes aux urines, (voyez le projet de plan ci-contre) la première dépense s'élevera à neuf cents florins.

La surabondance de population, qui existe dans les communes voisines des bruyères, vous fera facilement trouver des cultivateurs pour s'y éta-

HABITATION RURALE.

Pour servir à une exploitation de quinze à vingt arpens

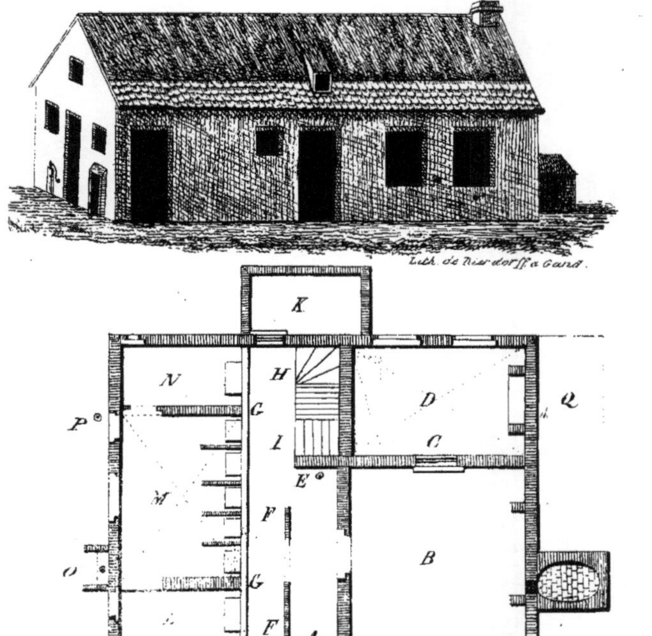

A. *Entrée principale.*

B. *Cuisine, dans la cheminée est l'ouverture du four qui se prolonge hors des murs.*

C. *Escalier de 3 à 4 marches.*

D. *Chambre à coucher des maît.*

E. *Pompe.*

F. *Séparation avec l'entrée principale faite en bois et élevée de 2 ½ pieds.*

G. *Lieu qui communique avec les étables et sert de dépôt pour les fourrages.*

H. *Escalier qui conduit au grenier 2 chambres à coucher pour les domestiques y sont établies contre les cheminées.*

I. *Escalier qui conduit à la cave.*

K. *Loge à tisser qui se prolonge hors des murs on y descend par 2 ou 3 marches.*

L. *Ecurie.*

M. *Etable à vaches, endessous se trouve la citerne aux urines.*

N. *Trou à cochons.*

O. *Latrines.*

P. *Pompe des urines.*

Q. *Souterrain couvert d'un appentis, destiné à conserver les racines, une porte dans la cave y communique.*

blir, peut-être même des cultivateurs, possédant quelques moyens, parcequ'il y en a par nombre qui sont dans l'attente de pouvoir trouver un établissement, il faut considérer encore que vous êtes à même de pouvoir donner à cette famille le moyen d'amasser quelqu'aisance, en lui faisant gagner l'argent que vous êtes dans le cas de devoir dépenser pour diviser la petite ferme en enclos, pour faire creuser les fossés et pour labourer l'espace que prennent les plantations des haies, dépense qui s'élévera à deux cent cinquante florins.

En nous réglant donc sur l'exemple que nous a donné notre journalier, la famille établie, favorisée par le produit de ses récoltes peut achever en douze ans de tems le défrichement de quinze à vingt arpens, il peut même garnir la ferme de meubles, effets et bestiaux, en nombre suffisant. Dans l'hypothèse même que le fermier ait joui de l'établissement pendant ce terme d'années, sans avoir payé aucune rétribution quelconque et qu'il n'ait pas rempli tous ses engagemens en défrichant ses terres affermées, causant ainsi le retard de la construction de la grange qui revient à sept cents florins, vous aurez au moins, à cette époque, du produit des coupes à faire des haies, dont l'ensemble sur cette superficie doit avoir une longueur environ de douze cents perches, une valeur égale à la somme avancée de mille cent cinquante florins; mais il serait enconvenant d'adopter cette idée, parceque le laboureur, travaillant pour son profit est intéressé à ce que ses travaux soient bien et promptement exécutés, s'il ne peut y suffire par lui-même, à la faveur du gain qu'il peut espérer de faire, il pourra employer d'autres journaliers pour le seconder.

Les dépenses totales, y compris les intérêts de l'argent avancé à différentes époques, monteront alors à deux mille cinq cent quarante florins (1) et cette somme à l'intérêt de cinq du cent fait cent vingt sept florins, divisé par dix huit arpens, revient à sept florins par arpent, ce qui ne fait pas la moitié de ce que sont affermées les terres cultivées de la même nature, qui au surplus doivent supporter toutes les impositions tant ordinaires qu'extraordinaires. Le revenu de vos fonds ne peut donc péricliter, puisque vous pouvez l'affermer à moitié de moins que ne le sont les terres de l'espèce; d'autant plus que la loi du 1.er décembre 1790, vous accorde encore plusieurs années avant qu'elles puissent être cotisées.

La tache que nous nous sommes prescrite de donner au possesseur la certitude de retirer de son capital un intérêt licite, en faisant défricher ses terres, ainsi que celle de mettre le cultivateur à même de jouir des commodités de la vie, serait rempli si nous n'avions quelques doutes à lever, tels que, si ce qu'on propose au cultivateur n'exige pas trop de travail, trop d'embarras? si les ressources locales rendent praticables de pareilles entreprises? comme aussi celle du propriétaire sur la valeur juste de ses terres?

La nécessité de pourvoir à sa subsistance impose à l'ouvrier de se livrer à des travaux dont il a journellement son salaire. Sans doute ce salaire doit lui être assuré aussi long-tems que les produits de ses cultures ne peuvent le nourrir lui et sa famille. Cependant il peut arriver que nulle oc-

---

(1) Récapitulation

1.o, 1.re dépense en constructions	fl. 900-0-0
L'intérêt de cette somme à 5 pour 0/0 pendant 12 ans	450-0-0
2.o La dépense pour faire creuser les fossés etc.	250-0-0
L'intérêt de cette somme pendant 8 ans	100-0-0
3.o La construction de la grange	700-0-0
L'intérêt pendant 4 ans	140-0-0
Total	fl. 2540-0-0

casion ne se présente d'avoir du travail à la campagne et moins encore pour l'homme qui n'aurait pas de domicile acquis dans la commune. La faveur que vous lui faites de pouvoir travailler dans son champ pour établir les enclos, creuser les fossés et labourer l'espace que prennent les plantations des haies, s'il s'en occupe pendant les deux premières années peut le mettre en état d'attendre ses premières récoltes, ajoutons y l'appui qu'il peut espérer par le gain que sa femme et ses enfans font en travaillant au rouet, il peut saisir encore d'autres travaux qu'il est d'usage d'exécuter à la campagne. Le métier de tisserand est avantageux parcequ'en tout tems on lui livrera la chaine et la trame; la bruyère lui offre les matières pour faire des balais, si la vente en est facile, il peut s'en occuper, et de même les vans, les sabots, les ruches, les filets pour la pêche, comme bien d'autres articles, peuvent être de son ressort; par ces moyens la perspective de son heureuse destinée pourra s'accomplir.

Ces ressources qui se rapportent aux localités servent d'appui à l'exécution de ses défrichemens. L'ardeur de son zèle le rend moins embarrassé pour satisfaire aux travaux des défrichemens. Semblables à nos premiers cultivateurs, *il se repose sur sa Bêche,* familier avec cette outil, qui ne l'a jamais quitté depuis sa plus tendre jeunesse, lui seul est en état d'en connaitre la valeur, ses expériences l'ont convaincu qu'on peut, surtout dans ces exploitations dont les terres sont légères, se passer de la charrue, qui entraine avec elle des dépenses qui absorbent une grande partie des produits de la ferme.

Il est certain que les labours à la charrue sont moins dispendieux, mais comme plusieurs opérations pour le même objet, qui exigent différens labours à la charrue, n'en demandent souvent qu'une seule étant faite à la bêche, cette dépense est moins onéreuse qu'on ne se l'imagine et ne surpasse pas d'un quart les frais à faire avec la charrue. Ces frais calculés au prix de l'estimation dans une ferme d'une charrue, ou quarante quatre arpens de terres labourables, reviennent environ à sept cent vingt florins, ainsi les dépenses seront augmentées de cent quatre-vingt florins ou d'un quart ; cette somme n'est-elle pas avantageusement compensée par les économies qu'on fait sur les dépenses où l'agriculture est entrainée, en tenant des chevaux à labour? à savoir : que l'on compte le capital nécessaire au moment de l'établissement pour les chevaux, les charrues, les voitures grandes et petites, ce capital absorbe déjà un grand intérêt; ajoutez à cela les frais ordinaires tant pour la nourriture des chevaux, du charretier et de ses gages, que ceux du maréchal, charron, cordier et bourrelier, vous pencherez pour l'affirmative.

Mais il y a d'autres avantages qui ne sont pas moins concluans : il est inutile de répéter ici que les labours à la bêche sont les plus efficaces pour amender les terres, tous les agronomes sont d'accord sur ce point. En outre observons, 1.° que par le moyen de ces labours l'on parvient mieux à rendre le terrain bombé, cette pratique, à laquelle on doit que les terres ne restent surchargées d'eau, reçoit son exécution sans craindre de mêler la bonne terre avec la mauvaise, inconvénient que souvent on ne peut éviter en employant la charrue; les terres marécageuses et sablonneuses, dans le pays de Waes, qui ont reçues, avec le tems, un surhaussement sans exemple, seraient encore en friche si l'usage de la bêche n'y eut prévalu sur celui de la charrue. 2.° Que si le terrain présente des éminences qui ne peret accélerée ; il ne craint pas d'accumuler les travaux à certaines époques, étant assuré de trouver des bras en nombre suffisant ; enfin, à force de soins, d'engrais et de labours, il obtient des produits que la terre refuse naturellement, tandis que dans les grandes exploitations plusieurs de ces motifs, ainsi que la coïncidence des labours, si essentiels de pouvoir faire en tems convenables pour assurer le succès des récoltes, font que le fermier rénonce à ces plantes et s'attache à celles que la terre donne sans effort, c'est la raison pourquoi il ne sème pas de l'orge d'hiver, pour être consommé en verd par les bestiaux, dont la dépouille s'achève à la mi-mai ; cette plante, quoique par sa nature très-épuisante, étant arrêtée au milieu de sa végétation, laisse la terre dans un état très-avantageux pour y obtenir en seconde récolte du sarrasin, de l'avoine, des pommes de terre, des carrottes et même du lin ; c'est la raison pourquoi dans les terres légères il ne plante pas des colzats qui murissent cependant assez à tems pour pouvoir obtenir en seconde récolte de pommes de terre ou d'autres plantes de fourrages dont le succès est marqué chez le petit fermier ; celui-ci au fur et à mesure que la dépouille se fait, peut labourer, ameublir et planter dans son terrain, tandis que l'autre est forcé d'attendre jusqu'au moment où la dépouille] soit achevée avant de pouvoir y porter la charrue, et que dans une saison si avancée, il craint de ne pouvoir exécuter tous les travaux assez à tems pour faire les sémailles fructueusement.

S'il est donc vrai que la dépense des labours à la bêche diffère très-peu avec celle à la charrue, qu'au moyen de ces labours on obtient des récoltes plus abondantes, qu'on peut adopter un assolement plus avantageux, que les terres sont mieux soignées, ce n'est pas sans raison que le journalier compte sur sa bêche ; elle le dispenee de devoir faire des frais auxquels il ne pourrait satisfaire. Mais une autre proposition semble devoir l'embarrasser : comment fera-t-il le transport des angrais, celui de récoltes? ces travaux de la campagne sont sans doute des plus fatiguans pour l'homme, cependant dans les petites exploitations, presque toujours ils s'exécutent par le moyen de la brouette, ces exemples sont multipliés dans les communes éloignées des villes comme dans leurs environs, observez ce jardinier, il ne fait non seulement ce qu'on nomme la petite culture, mais il cultive aussi du seigle, de l'orge, des navets, des trèfles, il élève des bêtes à cornes, et si son intérêt ne le guidait à embrasser la culture des plantes légumineuses, tous les objets de la grande culture serait de son ressort; vous verrez qu'au commencement qu'il s'établit il trouve moyen d'alléger cette fatigue, en se faisant seconder par sa femme, tirant la brouette par une corde; souvent ses enfans remplacent la mère, ceux-ci sont remplacés par un âne qui traine une petite voiture; à l'âne, enfin, succède le cheval. Ces gradations denotent ses succès, le journalier peut donc se contenter de sa brouette, le travail allant de pair avec le succès, celui-ci soulagera l'autre. Ainsi dans les commencemens la bêche, la houe quarrée à long manche, le sarcloir, la herse à la main, le chassis entrelacé de baguettes, dit vulgairement sleeper, qui lui sert de rouleau, la brouette, la tonne à vidanges et sa cuillère de bois pour les répandre, compose le nécessaire des outils du journalier, lesquels ne coutent pas ensemble quinze florins. Ces outils sont son héritage, il saura les faire valoir par ses mains, avec les moyens qu'on lui a fourni de dévélopper son industrie d'autant plus active qu'il y est intéressé.

Et vous propriétaire, vous devez avoir la persuasion que ce n'est pas au hasard que vous avez placé votre argent, et pour mieux vous convaincre de la valeur réelle de la petite ferme, que vous venez d'établir, nous allons tracer ici le tableau qui représente un assolement entre autres que le fermier peut choisir, faculté qui lui est réservée dans telle terre que ce soit. (Voyez le tableau ci-joint.)

OBSERVATIONS

SUR LE TABLEAU CI-JOINT:

1.° Nombre de journées : le rélevé par arpent se trouve à la fin de l'ouvrage, où l'on verra le nombre d'opérations que reçoit chaque culture dans l'ordre qu'elles suivent ; un journalier laboure avec la bêche ordinairement 30 perches par jour dans les terres légères, et dans les terres fortes 20 perches par jour; ici la quantité de journées n'est portée que sur 20 perches ; les fermiers payent aux journaliers 6 sols de moins qu'il n'est porté à ce tableau, lorsqu'ils donnent la nourriture. On entend par les journées d'hommes à 13 sols, celles des batteurs ; la tâche d'un batteur est taxée par jour à un sac de froment ou de seigle, à deux sacs d'avoine, pour battre, vaner et nettoyer. Dans les journées à 10 sols, sont compris, non seulement les femmes, mais aussi les vieillards en état de faire encore quelques légers travaux, et les enfans d'un âge un peu avancé ;

2.° Le fermier effectue tous les travaux avec trois domestiques ou journaliers, deux servantes et un vacher ; il n'a pas de charretier ; presque toujours il exécute lui-même tous les travaux où il emploie son cheval ;

TABLEAU

Présentant le système d'assolement d'une ferme exploitée à bras d'hommes, et les transports avec un cheval, les produits année commune, et les frais d'exploitation.

ASSOLEMENT ET SUCCESSION DE CULTURE.						RÉCOLTES.			DÉPENSES.							
									Nombre de journées			Engrais, nombre				
									d'hommes,							
Désignation des parties.	Nombre d'arpens que contient chaque partie.	1.re année.	2.e année.	3.e année.	4.e année.	Produit année commune.	Prix moyen année commune, en arg. c. de B.	Valeur totale.	à 14 sols Brabant	à 13 sols Brabant.	de femmes, à 10 sols Brabant.	charretées de fumier à 6 flor. Brabant.	tonnes de courtes-graisses à 12 s. B.	mesures de cendres à 12 s. B.	Nombre de mesures de graines, pour semer et prix par mesure.	Montant des dépenses.
1	1	avoine.	trèfles.	colza et pommes de terre	froment	30 sacs.	9 fl. le sac.									
2	1	avoine.	trèfles.	colza et pommes de terre	froment			fl. 382 10 0	93 3/4	30	48	»	90	»	3/4 d'un sac.	fl. 169 17 6
3	1	seigle et navets.	carottes	lin.	froment	9000 *l.* paille.	1 liard la livre									
4	1	trèfles.	colza et pommes de terre	froment	seigle et (1)											
5	1	trèfles.	colza et pommes de terre	froment	seigle et (1)	30 sacs.	5 fl. le sac.	300 0 0	93 3/4	30	30	»	90	»	3/8 d'un sac.	156 0 0
6	1	carottes	lin.	froment	seigle et (2)	12000 *l.* paille.	1 liard la livre									
7	1	lin.	froment	seigle et orge.	sarrasin	10 sacs. 2000 *l.* paille.	5 fl. le sac. 1/4 liard la liv.	56 5 0	30 1/4	»	12	»	»	»	4 pintes à 3 s. 3 liards.	28 5 6
8	1	colza et pommes de terre	froment	seigle et navets.	avoine.	40 sacs.	4 fl. le sac.									
9	1	froment	seigle et orge.	sarrasin	avoine.	6000 *l.* paille.	1/2 liard la liv.	197 10 0	63 1/2	20	20	16	»	»	1 1/2 sac.	169 9 0
10	1	froment	seigle et navets.	carottes	lin.	se vend sur pied.	210 fl. l'arp.	210 0 0	31	»	80	»	30	»	30 pintes à fl. 1-10-0.	124 14 0
11	1	sarrasin	avoine.	trèfles.	colza et (3)	20 sacs.	20 fl. le sac.									
12	1	seigle et navets.	avoine.	trèfles.	colza et (3)	paille estimée	12 fl. l'arpent	424 0 0	104	»	30 1/2	8	60	»	4 pintes à 15 s.	175 1 0
13	1	colza et pommes de terre	froment	seigle et navets.	carottes	estimées à	6 s. la perche.	90 0 0	30 3/4	»	16	8	»	»	1 1/2 pinte à fl. 1-0-0.	79 0 6
14	1	seigle et orge.	sarrasin	avoine.	trèfles.	estimées à	8 s. la perche. pour les 2 c.	240 0 0	16 1/2	»	»	»	»	60	3 pintes à fl. 2-10-0.	47 11 0
15	1	froment	seigle et navets.	avoine.	trèfles.											
Total	15															
		EN SECONDE RÉCOLTE.														
		(1) 2 arpens en navets.				estimés à	4 s. la perche.	120 0 0	54 1/2	»	16	»	»	»	1 1/2 pinte à fl. 1-0-0.	47 13 0
		(2) 1 arpent en orge.				pour être consommé en verd estimé à	5 s. la perche.	75 0 0	28 1/4	»	»	8	»	»	1/2 sac à 5 fl. le sac.	70 5 6
		(3) 2 arpens en pommes de terre.				200 sacs.	fl. 1-5 s. le sac.	250 0 0	89 1/2	»	12	12	60	»	3 sacs à fl. 1-5	180 8 0
		TOTAL. . . 5 arpens.						fl. 2345 5 0	635 3/4	80	264 1/2	52	330	60		1248 5 0

3.° Le tiers de ses terres labourables, ou 5 arpens, donnent deux récoltes la même année;

4.° Il y cultive les colzas et le sarrasin pour favoriser l'éducation de ses abeilles;

5.° On y récolte 29,000 liv. de paille; il en faut 500 liv. converties en fumier pour une charretée; 54 charretées demandent 27,000 liv.; il y a excédent de 2,000 liv.;

6.° Il recueille, à la ferme, le nécessaire d'engrais de courtes graisses, à quelques tonnes près qu'il supplée par des gâteaux de colzat ou par les vidanges;

7.° Les terres sont fumées tous les ans, avec du fumier ou courtes graisses, et souvent deux années de suite avec du fumier;

8.° Le nombre des bestiaux se compose d'un cheval, 4 vaches à lait, 1 génisse, 2 veaux, 2 truies. On y engraisse aussi 2 cochons et les cochonnées. Il nourrit le cheval avec de l'avoine, des trêfles, du foin de trêfles et avec une mêlée de farine de seigle, d'avoine ou de sarrasin, de son, avec des carrottes et de la paille coupée; les bêtes à cornes avec des trêfles, de l'orge en verd, des carottes, des navets, de la mêlée et des pommes de terre, des tourteaux de lin ou de colzat et du résidu de genièvre, ou du marc des brasseries, ce qui les dispose à s'engraisser; et les cochons avec des pommes de terre, de la mêlée, des capsules de blé et de lin, des tourteaux et du résidu de genièvre.

Quand les trêfles viennent à manquer, on donne au bétail de l'avoine ou du seigle en vert et la fane des pommes de terre;

9.° Les fourrages en avoine, pommes de terre, navets, carottes, orge en verd et trêfles donnent une abondante nourriture au bétail pendant l'été et l'hiver. On laisse encore pâturer le bétail dans le regain des prairies, lorsqu'on en est à proximité ; il prend l'air deux fois par jour, on le laisse aussi courir dans le verger, ou on le mène sur les bordures en herbes qui font le contour des champs cultivés ;

10.° Les coupes régulières des bois de taillis, et de ceux des haies, faites à l'âge de 9 ans, si c'est du bois dur et à l'âge de 7 ans, si c'est du bois tendre (ordonnance du 18 décembre 1671), fournissent au-delà de la consommation ;

11.° Le fermier ne fait pas table à part avec les domestiques ou les ouvriers de tous métiers qui viennent travailler à la ferme. Le pain noir, des pommes de terre, des légumes, des laitages, de la viande de cochon et du lait battu pour boisson, sont leur principale nourriture ;

12.° La ferme étant montée en instrumens aratoires, en bestiaux et en ustensiles de ménage, y compris la charrette et les harnais du cheval, demande un capital environ de 3,000 florins ;

13.° Les dépenses diverses des objets qui ne se trouvent pas à la ferme, tant pour son exploitation que pour l'entretien de son ménage, montent, par an, à 700 florins environ ; cette somme balance les produits de ses bestiaux en laitages, beurre, et de la vente d'une vache ou génisse, des veaux, d'un cochon gras et des cochonnées ;

14.° Après déduction de ce qui est consommé à la ferme, le fermier fournit aux différens marchés :

1.° 29 sacs de froment,	à fl.	9-0-0 fait fl.	261-0-0
2.° 9 id. de seigle,	à	5-0-0 . . .	45-0-0
3.° 9 id. de sarrasin,	à	5-0-0 . . .	45-0-0
4.° 20 id. d'avoine,	à	4-0-0 . . .	80-0-0
5.° Le produit de son lin, de ses toiles et étoupes, etc.			199-0-0
6.° Le produit des colzas			400-0-0
7.° Portons ici pour mémoire plus de 80 sacs de pommes de terre disponibles			» »
Total fl. . . .			1030-0-0
A déduire l'intérêt de son capital de fl. 3000 à 6 pour cent			180-0-0
Produit net de la ferme fl. . . .			850-0-0

Ce produit partagé à 17 arpens, étendue superficielle de cette ferme, est pour chaque arpent cinquante florins.

Vous aurez, sans doute, observé au tableau qui précède le nombre de journées employées à l'exploitation de cette ferme, qui ne dépasse pas le travail que quatre personnes peuvent effectuer pendant l'année, et comparé les produits avec les dépenses, il n'est donc pas toujours juste de dire que celui qui voudrait entreprendre la culture avec les bras, n'obtiendrait pas, dans le produit, de quoi le dédommager de ses dépenses; le grand nombre d'exemples que nous avons sous les yeux sont autant de preuves évidentes du contraire; les calculs des labours à bras d'hommes ne peuvent paraître exagérés puisqu'ils sont inférieurs à ce qu'un ouvrier laboure ordinairement par jour; la ferme donne un produit net bien supérieur à ce qu'on peut espérer des terres d'une grande ferme à charrue; les produits, année commune, ne sont établis qu'au même taux de cette dernière, quoique ce soit parmi les petits laboureurs que nous voyons enlever les plus belles récoltes de chaque article, eu égard à la superficie du terrain.

Un grand cultivateur dans cette province observe qu'on ne conçoit pas comment font ces petits fermiers, demandez leur, dit-il, tel article que vous voulez, ils en auront à vendre, tandis que dans les grandes fermes il y a toujours l'un ou l'autre qui manque. On ne doit pas l'attribuer à leur genre de-vie, qui est généralement simple, peu dispendieux, et qui tend toujours à la plus sévère économie, ni à ce qu'ils ont l'avantage de pouvoir mieux soigner toutes choses que rien ne soit perdu ni dissipé, mais on voit par ce qu'ils peuvent fournir aux marchés que tout y abonde. C'est abusivement qu'on dit qu'une ferme d'une grande étendue fournit à un homme intelligent les moyens de dévélopper une industrie qui est toujours plus active en grand, parcequ'elle est plus intéressée; ici l'assolement y met des bornes impérieuses, tandis que chez les petits fermiers ils ont l'obtion de changer et l'assolement et la rotation, ce qui les rend tellement experts dans leurs exploitations, qu'après l'année désastreuse de 1816, ils avançaient avec assurance que leurs terres bonifiéraient les pertes qu'ils venaient d'éprouver (*myne landen zullen het my vergoeden*), expression qui découle de leur courage, tant ils sont convaincus que par des amendemens bien dirigés et la facilité qu'ils ont de pouvoir changer la rotation, ils peuvent obtenir les récoltes les plus en faveur.

Telles sont les espérances qu'avec la plus grande probabilité l'on peut donner aux personnes qui voudront entreprendre le défrichement des terres, qu'avec le tems ils verront doubler leur capital, c'est-à-dire, qu'un jour ces terres pourront être louées au même prix que celles dans le pays de Waes.

Consultez possesseurs, pour mieux vous convaincre, les anciens titres de vos propriétés, vous y verrez que depuis un siècle les biens ont, en plusieurs endroits, quadruplés de valeur, quoique vous n'y ayiez fait d'autres dépenses que ceux d'entretien des bâtimens. Que dis-je, je connais un domaine qui avait couté à une famille douze mille florins, et qui vient d'être vendu quarante-sept mille florins. La diminution de la valeur relative de l'argent depuis un siècle n'est cependant pas en proportion de cette augmentation. Les terres doivent donc cette plus value aux améliorations que vos fermiers y ont faites, améliorations qui sont plus marquantes dans les petites que dans les grandes fermes, parceque dans une petite exploitation, ces opérations pouvant se faire par parcelles, on s'apperçoit peu des dépenses auxquelles elles assujettissent, tandis qu'en grande culture elles sont souvent trop conséquentes pour déterminer le fermier à en faire les avances, surtout s'il n'a pas la jouissance de sa ferme pour long-tems, ce qui n'est pas reçu par l'usage.

Tels sont enfin les résultats avantageux auxquels on peut s'attendre; si vous avez donné le moyen à votre journalier de monter sa ferme; en retour il vous a dégagé des soins pénibles de la manutention; si en quinze ans ou plutôt il s'est fait une fortune de trois mille florins, la pension que vous eussiez été dans le cas de faire pendant ce tems à votre régisseur aurait été de beaucoup plus élevée que cette somme.

Les personnes qui ont fait faire des défrichemens, n'ont pas senti cette vérité qu'un vieil adage flamand nous transmet: *doet het land door menschen betertelen, daer zal graen groeyen, faites trépigner la terre par des hommes, il y croitera du grain.* Il faut qu'ils aient été induits en erreur par la pratique reçue, celle de vendre les terres par enclos; une ferme qui sera composée de vingt enclos, on en fait vingt lots différents; à l'un des enclos sont attachés les bâtimens; plus la population dans ce canton est nombreuse, plus la concurrence est grande, ce qui fait monter la valeur des terres au prix le plus élevé, mais qu'en résulte-t-il que le lot avec les bâtimens n'est pas considéré, suivant la valeur des bâtimens et de l'enclos, mais suivant la valeur de l'enclos et le prix que veut ou peut y mettre l'habitant de la campagne pour son logement particulier, sans entrer dans la valeur des bâtimens qui ont servi à une grande exploitation; ainsi les bâtimens sont à vil prix si l'intérêt de celui qui veut en faire l'acquisition ne peut atteindre d'accumuler tous les lots. C'est donc à cet usage que l'on doit que les bâtimens, à la campagne, n'ont, pour ainsi dire, aucune valeur et sont estimés de même. C'est ce qui a déterminé ceux qui ont entrepris des défrichemens de mettre leurs terres en bois, plutôt que de multiplier les bâtimens dont les dépenses leur semblaient être de l'argent perdu, et leur fit dire: *ik zal my meyden van myn geld in steen te steken,* je me garderai bien de convertir mon argent en pierres.

Supposons que ces cultivateurs, qui ont défriché des terres, aient réussi, dans leurs exploitations, à retirer un intérêt avantageux de l'argent qu'ils y ont employé, ce dont on peut douter, puisque nous avons vu sur une exploitation d'une grande étendue, à la vérité, (de 1300 arpens) deux personnes qui s'y sont successivement ruinées; et si leur successeur s'y est maintenu, ce n'est pas seulement à sa grande fortune qu'il faut l'attribuer, mais à son amour pour la culture; en se constituant lui-même son premier régisseur, il a consacré une grande partie de sa vie à suivre toutes les opérations de cette exploitation. Si ces cultivateurs, disons nous, ont eprouvé toute la satisfaction qu'ils pouvaient en attendre, ils étaient loin de songer à ce que pourrait devenir, après leur décès, le bien qui était toute leur consolation. De nouveaux propriétaires ne sont pas toujours doués du même sentiment ; d'ailleurs ils peuvent être captivés par d'autres occupations, alors ces biens doivent être confiés à des régisseurs qui, s'ils joignent à la capacité une probité éprouvée, pourront les conserver en valeur. Mais si le nouveau propriétaire juge à propos de s'en défaire, ne pouvant trouver un acquéreur pour la totalité du bien, qui veut en donner un prix avantageux, il en arrivera qu'il suivra le mode usité qui est de diviser le bien et de rendre les lots le moins forts que possible. Premièrement il tiendra plusieurs ventes pour dépouiller le bois des arbres de haute futaie, en terme technique *pluymen*, plumer; ensuite il vendra le foncier. Mais quelles sont les personnes qui s'y présentent? Celles à qui quelques lots pourraient convenir, parcequ'elles ont du bien dans les environs, et alors les autres lots doivent nécessairement devenir un objet de spéculation pour ceux qui demeurent sur les lieux. Ce n'est pas dans les cantons peu peuplés qu'on trouve des gens aisés qui ont des sommes à mettre en biens ruraux, ils sont resserrés dans des bornes qui ne leur permettent de disposer de leurs fonds que pour quelque tems, aussi ils n'y mettent que le prix qu'ils prévoient pouvoir retirer des cateuls en dérodant le bois, dont la vente doit rembourser l'argent avancé ; ceux-ci ne feront donc pas hausser le prix des lots convenables aux premiers qui peut dépasser leurs calculs, ceux-là réciproquement, parcequ'il faut être sur le lieu, y donner ses soins, avoir le moyen d'en fournir les marchés pour pouvoir en tirer parti. Ces bois sont donc à un prix très-médiocre et se vendent le plus souvent pour la valeur des cateuls qui s'y trouvent. De là vient l'expression : *hy heeft den grond voor niet, il a le fond pour rien,* expression qui sans l'explication que nous venons d'en donner, serait difficile à comprendre, surtout lorsqu'on pense aux grands revenus que ces bois ont donnés sous une bonne direction. (1)

Ces faits qui se confirment tous les jours, détruisent l'expectative de l'espérance qu'avaient ceux qui ont fait des défrichemens, et font tomber également dans le découragement ceux qui étaient d'intention de donner tous leurs soins à défricher d'autres terres, tels que les fermiers aux environs des bruyères, puisqu'ils trouvent, par ces défrichemens, des moyens d'avoir des biens fonds pour rien, ce n'est pas sans raison qu'on dit *que les Bruyères n'ont aucune valeur.* Mais si ces exploitations eussent été basées sur la multiplication des habitations, supposons qu'on eut établi sur une étendue de treize cents arpens, pour prendre la superficie d'une exploitation connue, soixante petites fermes, telles que celle que nous venons de décrire, ces soixante feux auraient indispensablement attiré tous les métiers et les arts mécaniques, la population aurait reçue un grand accroissement, et c'est par elle que les terres sont portées à leur plus haute valeur. On ne peut citer aucun canton dans cette province où, lorsque sur une pareille superficie de treize cents arpens, il existe soixante feux, les terres labourables, de telle nature qu'elles soient, aient été depuis longues années, vendues moins de six cents florins par arpent, donc cette superficie qui, d'après nos principes par les bâtimens que vous y construirez

(1) On a vendu assez récemment un bien pour la modique somme de mille livres de gros, qui a donné dans le tems, sous une bonne direction, année commune, la somme de quatre cents livres de gros.

et les travaux que vous y faites faire, vous coûte une somme de cent cinquante deux mille quatre cents florins, doit vous valoir un jour six cent quarante huit mille florins. Que vous importe que les bâtimens à la campagne ne sont d'aucune estime, si vos terres vaillent environ le quadruple de ce qu'elles vous ont coûtées. Le motif de cette augmentation de la valeur des terres est l'agglomération de la population (1).

Ces réflexions doivent nous attirer bien des reproches de la part des partisans des forêts, reproches d'autant plus fondés que la sollicitude du gouvernement est exprimée par ses préposés, chargés de s'assurer par eux-mêmes de leur bonne tenue, exploitation et police. Sans bois il n'y a point de construction, point de manufactures; les bois sont au rang des biens les plus précieux, ils concourent à l'accroissement de nos richesses et de notre industrie. Ayant le bien public trop à cœur, l'on trouvera bon que nous nous expliquions librement sur ce sujet.

Propriétaires des bois, vos propres procédés sont autant de témoignages que vous même les dépréciez. L'insouciance ou le défaut de lumière de vos agens forestiers, vous engagent à faire déroder vos bois en mauvais état; mais au lieu de les faire rétablir par des nouvelles plantations, vous n'y faites que semer des sapins, dont l'arbre dans ces contrées n'obtient pas les qualités réquises pour pouvoir être placé parmi ceux du premier rang, tels que le chêne, l'orme, le frêne, etc., ce qui vous engage à semer le sapin, c'est que sa culture ne demande presqu'aucun soin, qu'il

(1) Une ordonnance du Franc de Bruges défendait de démolir à la campagne un bâtiment quelconque sans le remplacer; il faut croire qu'une réminiscence des anciens défrichemens y donna lieu.

est moins l'appât des vols, moins sujet aux dégâts; mais pourquoi ne déprécierait-on pas les bois, quand toute la province ne présente qu'une immense fôrêt, embellie de jardins, de prés, de canaux, d'étangs, et dont les fermes sont les fabriques. Peut-on voir un plus bel aménagement de bois, que celui qui se fait le long des grandes et petites routes, des nombreux chemins vicinaux, des rivières et des ruisseaux, où l'on trouve le chêne, l'orme à grande feuille, le frêne, le tremble, le saule commun, le hêtre, le noyer et le tilleul, qui sont les arbres les plus considérés comme spéculation agricole? peut-on craíndre que jamais la disette s'en fasse sentir, lorsque chaque ferme, par ses haies, offre plus d'un vingt-cinquième en bois pour taillis, tant en chêne qu'en aulne et bouleau, outre une grande quantité d'arbres en haute futaie? Les fermiers en sont les véritables gardes forestiers, ils surveillent le bois de haute futaie comme le taillis; y a-t-il des forêts qui reçoivent plus de soins, plus de culture? aucune année ne se passe sans que chaque plan n'ait été visité, rejetté s'il ne profite plus, et remplacé par un autre; y a-t-il des forêts, eu égard à la superficie, qui soient d'un plus grand rapport? si l'on devait faire le rélevé d'une année de produit, des bois qui croissent dans une ou deux communes (prenons pour exemples celles d'Evergem et de Sleydinge, où presque toutes les terres entourées d'une haie, donnent des réproductions annuelles), et comparativement dans les plus belles forêts du royaume, celui d'une étendue superficielle, non pas d'un vingt-cinquième comme ci-dessus, mais de ces deux communes, dont l'étendue est immense, on serait étonné de trouver que le produit égale environ au tiers de celui des forêts, au lieu d'un vingt-cinquième, ainsi donc à proportion du produit, l'on peut considérer que le tiers de cette province est en forêts. Le principe d'enclore les terres par des haies pour taillis, qui changent en champs fertiles les bruyères les plus arides, fait reconnaître l'inutilité des bois. Dans cette province, une forêt à laquelle est adossée une peuplade, rappèle ces colonies naissantes qui ne sont pas encore parvenues à la défricher. Partisans des forêts, ici tous vos efforts sont vains, vos cultures attendent le moment d'être converties en terres labourables.

Nous ne pouvons donc plus douter que pour obtenir tous les avantages possibles des terres en friche, c'est d'y établir l'ouvrier cultivateur ; les moyens que nous venons d'indiquer vous dispensent non seulement de ne pas devoir entrer dans les détails de l'agriculture, mais d'être le jouet des menées des régisseurs ; vos constructions étant faites, soit à l'entreprise ou autrement, les enclos étant tracés (1), tous vos devoirs se bornent d'aller de tems à autre en prendre inspection, pour voir si le cultivateur remplit ses engagemens. On peut dans un seul jour inspecter, dans un même endroit, plusieurs de ces établissemens.

L'on compte dans cette province qu'il existe cinq mille arpens de terres en friche, et peut-être autant en mauvais bois, qui, par les charges dont ils sont imposés, ne valent pas plus que les terres en friche, ces terres depuis grand nombre d'années attendent le moment d'être cultivées ; puisque l'exécution aisée permet à des sociétés d'en faire

---

(1) Le carré très-long est ici applicable, sa largeur ne peut avoir tout au plus que cents à cent quarante pieds, si, par la suite, l'on juge à propos de diviser l'enclos, pour pouvoir mieux opérer un surhaussement, il n'y a qu'à tirer une ligne transversale avec la longueur pour y creuser un nouveau fossé ; tandis que si l'on trace le carré parfait, le rehaussement étant plus prononcé dans le centre, cette division ne peut se pratiquer qu'avec des frais énormes.

l'entreprise, supposons qu'on puisse sur cette superficie de cinq cents arpens y établir deux cents établissemens, portant l'un dans l'autre 25 arpens; une partie de ces terres devant servir aux chemins nécessaires, et il y a dans le nombre des terres qu'on ne parviendrait pas à dessécher tout-à-fait pendant la plus grande partie de l'année, (1) il faut un capital d'environ un demi million, qu'on peut diviser en cinq cents actions, afin que tout particulier, que ses devoirs retient dans les villes, qui peut avec confiance y employer son argent, puisse y concourir; on peut aussi donner aux propriétaires des terres en friche, qui semblent témoigner de n'avoir pas le moyen ou ne veulent pas les mettre en cultures, la faculté lorsqu'ils se dessaisseraient de leur propriété, de prendre autant d'actions que ne porte l'estimation de la valeur de leurs terres en friche, s'ils ne préférent du numéraire, ensuite il s'agira de créér un réglement, tel qu'on le jugerait à propos.

(1) Ces terres doivent être mises en bois, en séparant la superficie en planches, auxquelles on donne un rehaussement extraordinaire, d'ailleurs étant sujettes à être inondées pendant l'hiver, elles ne peuvent donner aucun résultat avantageux en les rendant terres labourables, parcequ'on ne peut y obtenir que des sémailles du printems qui, dans l'espèce de terres, donnent plus ou moins, suivant qu'elles sont basses, des récoltes incertaines, et ne sont susceptibles de pouvoir y obtenir deux récoltes dans la même année.

DEUXIÈME PARTIE.

Aprés avoir poussé jusques-là nos recherches sur les moyens de mettre en culture les terres en friche, en supposant qu'on s'est actuellement formé une véritable idée des principes qui sont également avantageux au propriétaire comme au laboureur, qui ne saurait manquer de courage, de force et de génie, pouvant lui-même profiter de son travail, et en admettant qu'on s'est pénétré des motifs qui retient dans le malaise la plupart de cette classe ouvrière, ne trouvant à affermer que des petites portions de terre, dont les produits étant insuffisants pour fournir aux besoins de la vie, le met dans l'impossibilité de payer le plus modique loyer; nous nous proposons premièrement de soumettre à l'examen et de suivre la raison la plus préponderante, pourquoi dans plusieurs communes des landes ne sont pas encore transformées en champs fertiles, ensuite d'entrer dans plusieurs particularités qui intéressent notre agriculture, qui peuvent servir de preuves confirmatives du principe que nous avons établi, en guidant ceux qui voudront s'occuper de défrichemens et de cultures.

Les terres qui furent les premières ameublies par des labours à la bêche et à la charrue, furent celles qui étaient voisines des prés. Une ferme sans prés, avant qu'on était parvenu à la connaissance des prairies artificielles, ne pouvait remplir les espérances du cultivateur, mais pouvant tirer parti des pâturages au moyen de son troupeau, le bétail lui fournissait les engrais nécessaires que demande la culture des terres labourables. Aussi partout où il y avait des pâturages, les établissemens des fermes se sont multipliés en raison du nombre d'arpens de prairies qu'on jugeait à propos de joindre aux terres labourables et de la distance qui permettait à ces fermes de pouvoir en jouir. Les cultures des terres furent resserrées dans cette étendue, ne pouvant tirer parti de nos landes dont les terres sont sablonneuses ou rousses, plus ou moins mêlées de limon noir ou brun, qui ne donnent à l'agriculture qu'un pâturage très-maigre pendant les premiers jours du printems, à peine suffissant, sur une espace immense, pour l'usage d'un très-petit nombre de bêtes. Toute l'industrie agricole était renfermée dans ces parties ; les ouvriers, pendant le tems que la campagne ne réclamait pas leurs bras, s'occupaient à la fabrication des toiles pour compte de leurs fermiers. Cette branche florissante de commerce, d'où naquit l'aisance, en conservant ses habitans, y attira encore ceux des autres contrées, de là vient la dénomination de plusieurs hameaux, tels sont *Kleyn Vrankryk, Waele kwartier* etc. La population ne pouvait manquer de se multiplier, au point qu'il fallait augmenter les habitations dans les bruyères. Ces nouveaux établissemens circonscrits sur une étendue de terrain beaucoup plus grande que ne permettait, dans le commencement, leurs exploitations, parceque les propriétaires ne pouvaient se figurer qu'il eut été possible de tirer un parti quelconque de ces terres trop éloignées des prairies, furent protégés par les grands fermiers ; ils trouvèrent dans les bras de ces ouvriers non seulement l'assurance de pouvoir, en tout tems, effectuer leurs cultures, mais aussi les moyens d'étendre la fabrication des toiles.

Ces habitans dans un sol ingrat et rebelle, dont on ne parvient à arracher une moisson un peu abondante que par les engrais, mirent toute leur application à remplacer les prés qui leur manquaient, pour pouvoir nourrir dans toutes les saisons le bétail indispensable. Des essais faits dans les jardins avec succès, eurent les mêmes effets en grand; la culture des trèfles et de la spergule (1) fut introduite; ces précieuses découvertes levèrent le plus grand obstacle qui s'opposait à l'amélioration de leurs terres et donna lieu à des nouveaux établissemens du même genre, tant que les distances permettaient de pouvoir assister au service divin de la paroisse, comme aux curés, chargés de l'administration des sacremens; sous ce rapport plus de protection, qu'ils ne pouvaient espérer, leur fut accordée, pour abréger les chemins il leur fut permis de marcher en droite ligne sur l'église de la paroisse, à travers les champs cultivés, foulant aux pieds, souvent la distance d'une demi lieue, l'espérance du cultivateur. De là viennent les chemins connus sous le nom de *kerkwegen,* chemins d'églises, dont l'ensemble, dans quelques communes, pris dans toutes les directions, détruit en peu d'années plus de productions que ne couterait la dépense utile d'une nouvelle église.

Les défrichemens eurent donc des limites, depuis s'ils ont reçu plus d'extension, ce fut après qu'on eut creusé des canaux et établi des grandes routes, le long desquelles, dans les endroits écartés des villages, pour mieux favoriser le commerce, on a fait des établissemens pour servir de lieu de

(1) On a abandonné pour ainsi dire la culture de la spergule, plus ancienne que celle des navets, parcequ'elle réparait dans le champ où on l'a semé pendant vingt ou trente ans, et par là les sarlcages sont pénibles pour les autres végétaux qu'on lui confie.

repos aux voyageurs ; en même tems la convenance y a appellé des laboureurs, dont les habitations réunies forment aujourd'hui des hameaux ; au-delà les bruyères furent abandonnées pendant des siècles.

Alors on avait perdu de vue de quelles manières les défrichemens s'étaient opérés, et les causes qui y avaient contribuées sur les plus mauvaises terres de cette province ; des hameaux s'étaient élevés en ces beaux villages, dont elle s'énorgueillit. La culture de ces ouvriers, portée à ce dégré de supériorité, est un vrai modèle à suivre par ceux mêmes qui furent leurs maitres. La bêche, leur instrument favori, par où ils parviennent à donner aux terres ces belles façons, fit honte aux grands fermiers qui embrassèrent plusieurs de leurs opérations. Ils firent les premiers essais de la culture en grand des pommes de terre, du chanvre, des carottes et des fêves de marais peu connus en 1671 (1), et stimulèrent les grands fermiers à les imiter. D'ouvriers ils sont devenus les premiers fabricans de toiles ; par leur activité sans égale, les manufactures connues sous la dénomination de St. Nicolas, Renaix, Waerschoot, Eecloo, qui confectionnent toutes des étoffes, où l'on emploie le fil et la laine, le fil et le coton y ont été introduits ; ces fabrications n'étant qu'accessoires à l'agriculture, et les matières premières venant du sol, excepté le coton, en font considérer la manufacture comme vraiment nationale,

(1) Le réglement concernant les fermiers sortant et les fermiers entrant des terres situées en la chatellenie du Vieux Bourg de Gand, du 17 octobre 1671, ne parle pas de ces articles que tous sont assujettis à l'estimation de l'arrière-graisse ; il est donc certain que les grands fermiers qui ont éte consultés sur ce réglement, n'avaient à cette époque aucune idée de ces cultures, quoiqu'elles soient la plupart plus anciennes que le réglement.

qu'aucune nation étrangère ne pourra leur disputer comme celles qui ne s'exercent pas sur l'agriculture ; ces hommes enfin en même temps cultivateurs, manufacturiers et marchands n'ont plus d'autres rélations avec leurs anciens maîtres, les grands fermiers, que pour alimenter leur commerce.

Ces faits ont échappés aux nouveaux Spéculateurs de défrichemens, dont nous avons fait mention. Ils ne pouvaient se figurer que cette classe ouvrière avait été, par l'industrie qui la caractérise, l'instrument de tant de richesses. Leurs champs, plus beaux que ceux des grands fermiers ne laissant aucune trace de ce qu'ils avaient été, font plutôt naître l'idée que cet art, nourricier des arts et qui les tient tous à ses gages, y prit sa source. Ils n'envisageaient le journalier que propre a pouvoir gagner la vie, a qui l'on donne le moins qu'on peut, sans avoir égard à la gêne qui le met hors d'état de déployer ses dispositions naturelles pour l'agriculture. Ils étaient imbus de ces principes hazardés : « Qu'il n'y a que les richesses des laboureurs qui produisent des riches moissons » comme si le génie et le courage dans bien de circonstances ne pouvait en tenir lieu; enfin, « qu'il est avantageux de réunir deux petites fermes contigues parce qu'il y aura moins de bâtimens a entretenir et qu'un fermier vivra seul avec aisance là ou deux ne pourraient se soutenir. » (1) C'est ce qui leur a fait prendre la marche que nous avons décrite pour être ensuite abandonnée.

---

(1) On n'a pas oublié les paroles de ce sénateur qui disait en parcourant nos petites fermes « *abattez moi toutes ces chaumières et faites des belles et grandes fermes.* »

Dirigeons maintenant nos vues pour prouver que les avis que nous venons d'ouvrir sur les moyens de mettre en culture les terres en friche, sont fondés sur la célèbrité des rejettons, comme de celle de leurs prédécesseurs, qui ont perfectionné les opérations de la culture au plus plus grand avantage possible pour la prospérité des propriétaires et de la société général.

En anatonomisant le sol, ces fossés a l'infini qui divisent les terres labourables, les prés et les bois, rappèlent que cette vaste campagne, dans son état primitif offrait partout d'immenses marécages. Les hommes avant de pouvoir solliciter a ces terrains, les moins favorisés de la nature, les alimens de la vie et les matières du commerce, ont du se livrer a des veilles assidues pour lever les obstacles qui s'opposaient à leurs cultures et à des travaux opiniâtres pour les rendre utiles. L'espoir d'avoir la récompense de leurs peines les a excités à braver le péril de la fatigue, et ces grands travaux de desèchement ont été exécutés à la bêche, aucun autre instrument dans le principe ne pouvant y agir. On peut-être certain que ces marécages étaient à l'abandon et que les journaliers sans autre secours que l'épargne sur leurs salaires, s'en sont occupés, se trouvant dans leurs voisinages prés des fermes qui se servaient de leurs bras. On n'ira pas porter ses vues sur des mauvaises terres, tant qu'il s'en présente de bonnes à cultiver et la province offrait dans ces tems des grandes ressources pour remplir l'esprit des spéculations de ce genre. Au surplus l'idée de pouvoir se passer de prairies naturelles pour l'établissement d'une ferme, n'étant pas fixée, il paraissait, suivant leur manière de voir, qu'il était impossible d'en pouvoir tirer un parti quelconque.

Cette surabondance de fécondité dépend donc moins du sol que de ses habitants. Si ces cultivateurs eurent le courage de lever tant d'obstacles, le progrès du premier des arts pouvait il s'arrêter ? peut-être s'ils avaient été placés sur un terrain riche, cet avantage les eut plongé dans l'indolence et la culture des leurs terres, aurait été confondue avec celles ou il n'y a pour ainsi dire qu'a remuer la terre : Mais il n'ont eu en partage que ces terres ingrates que les grands fermiers, placés sur un sol plus fortuné, ne voulaient pas se donner la peine de cultiver. Qu'on ne s'imagine pas que la culture des terres, qu'un chacun admire dans cette province, soit le fruit de l'application des grands fermiers, mais que l'on soit au contraire, persuadé que l'impulsion leur a été donnée par les petits laboureurs, ceux-là n'agissent que par les expériences faites par ces derniers sous deux rapports, qui interressent le plus, celui de cultiver les terres et celui d'assoler les exploitations. Faisons donc connaître les principes qui les guident tous deux, nous ne ferons que repandre plus de clarté sur les ressources et le mérite des petits fermiers et développons d'abord celui

DE L'ASSOLEMENT.

Les principaux objets qui déterminent le cultivateur à fixer son choix de l'assolement sont les besoins indispensables, des pailles dès fourrages et des racines pour la nourriture du bétail pendant l'été et l'hyver. L'assolement est donc subordonné à ce principe qui contribue le plus au succès de l'établissement des fermes.

Le but du cultivateur ne pourrait se remplir qu'imparfaitement s'il soumettait son exploitation à un assolement par parties égales, de manière que dans un cercle de plusieurs années, toutes les terres soient successivement employées aux productions que forment ses cultures ordinaires, comme cela se pratiquait autrefois, lorsqu'on ne connaissait que l'ordre des trois soles qui était de semer le tiers en bled, un autre tiers en grains de mars dont quelques parties en d'autres plantes et le trosième tiers restait en jachère pour être en automne semé en bled d'hyver; mais maintenant le cultivateur adopte dans son assolement plusieurs soles de la même céréale et plusieurs autres de plantes fourragères, qui lui donnent le moyen d'ameublir, pendant l'année, un plus grand nombre d'arpens avec la même charrue, d'élever une plus grande quantité de bétail et de pouvoir se passer des prairies naturelles.

Donnons quelques exemples, et enfin de mettre cet objet important dans tout son jour comparons un exemple avec l'assolement, dont la distribution se ferait par parties égales.

1.er ASSOLEMENT.

Succession de culture, première Période : 1.° pommes de terre fumées ; 2.° froment ; 3.° seigle puis navets la même année ; 4.° avoine fumée et trefles ; 5.° trefles fumée avec des cendres ; *Deuxième Période :* 6.° carottes fumées ; 7.° lin fumé ; 8.° froment ; 9.° seigle puis navets la même année ; 10.° avoine fumée et trefles et 11.° trefles fumés avec des cendres.

2.me ASSOLEMENT.

Succession de culture, première Période : 1.° pommes de terres fumées ; 2.° froment ; 3.° seigle ; 4.° navets (dits braekloof) fumés avec de la chaux, 5.° avoine et trefles; 6.° trefles fumés avec des cendres. *Deuxième Période:* 7.° fêves de marais fumées; 8.° lin fumé avec des cendres; 9.° froment fumé; 10.° seigle; 11.° navets fumés avec de la chaux; 12.° avoine et trefles et 13.° trefles fumés avec des cendres.

3.me ASSOLEMENT.

Succession de culture, première Période : 1.° chanvre fumé; 2.° lin et carottes; 3.° avoine et trefles; 4.° trefles fumés avec des cendres; 5.° froment fumé; 6.e seigle, puis navets la même année; *Deuxième Période :* 7.° pommes de terre fumées; 8.° lin et trefles fumés avec de tourteaux de résidu de graines oléagineuses; 9.° trefles fumés avec des cendres; 10.° froment fumé et 11.° seigle, puis navets la même année.

Le premier absolement est partagé en onze divisions générales. Vous y trouvez deux soles de froment, deux de seigle, deux d'avoine, une de pommes de terre, une de lin, une de carottes, deux de trefles et deux de navets en seconde récolte, par consequent ces deux dernières soles ne sont pas comprises dans les 11 divisions générales. Les fermier ayant deux soles de trefles, deux de navets et une de carottes peut nourrir le nombre de bétail convenable pour convertir les pailles en engrais. C'est-à-dire : en supposant que chaque sole ne soit que d'un arpent ou trois cents perches le nombre de ses bêtes, sera de six, qui consomment par jour, chacune soit une perche de terre mise en trefles, soit une en navets, soit une demie en carottes, non compris l'avoine, les pommes de terre et la mêlée. Ces cinq arpens nous donnent mille cinq cents perches, plus six cents perches de regain de trefles et pour les carottes, la moitié d'une perche égalant un entier, trois cents perches, en tout deux mille quatre cents perches, divisées par trois cent soixante-cinq jours donnent six, plus deux cent dix perches d'excèdent. Ces six bêtes convertiront en engrais chacune huit livres de pailles par jour et par an dix-sept mille, cinq cent vingt livres. Les soles de froment, de seigle et d'avoines, donnent ensemble vingt mille livres, donc il y a excèdent de deux mille quatre cent quatre-vingt livres, que le fermier emploie pour la litière des cochons etc. par ces calculs: nous voyons que son assolement est établi de manière qu'il obtient par les plantes les moyens de former les engrais que ses terres exigent. Il lui faut pour ses soles de pommes de terre huit voitures de fumier, autant pour celles du lin, et carottes et le double pour celles de ses avoines en tout quarante voitures, qui égalent vingt mille livres de pailles converties en engrais. (1)

Maintenant, nous allons voir les inconveniens qui se présentent si le fermier soumettait ses champs à un assolement par parties égales. Pour ne pas multiplier les exemples erroneux qu'on pourrait produire sur ce sujet des ouvrages connus, nous nous contenterons de ne citer ici qu'un seul tiré du nouveaux cours complet d'agriculture au mot absolement 2.me vol. page 23 et suivans, et nous mettrons en évidence que leur erreur vient d'avoir confondu l'assolement avec l'une ou l'autre période de la succession de culture.

On y trouve : 1.° pommes de terres fumées; 2.° lin fumé; 3.° froment; 4.° seigle, puis navets la même année; 5.° avoine fumée et trefles; 6.°

(1) Ce calcul est basé sur l'usage concernante les prisées.

trefles et 7.° colzats fumés. (1) Supposons un instant 6.° trefles pour revenir aux pommes de terre. Par cette rotation les terres seraient partagées en six divisions générales. Il en arrivera que le fermier n'y récoltera pas, à un sixième de prés, les pailles nécessaires et que pour être converties en engrais, ces pailles demandent au moins deux tiers de bétail de plus qu'il en peut nourrir avec les productions des plantes fourragères, (la comparaison avec le calcul ci-dessus le démontre) quand même il aurait des prairies naturelles à sa disposition, ce qui lui ferait éprouver une plus grande disette de fourrages, pendant l'hyver, pour nourrir le même nombre de bétail qu'en été. Cette contrariété se fera sentir davantange s'il y admettait comme on y lit 7.° colzats fumés; ou bien d'autres plantes qui ne fournissent aucun moyen de former des engrais. Ainsi donc à cette ferme les troupeaux et les engrais y manqueront que peut on attendre de cet assolement ? que les terres s'appauvriront et qu'en même tems leurs produits diminueront. On n'ignore pas combien le paysan est attaché à l'argent et certainement il se réfusera à ces dépenses d'engrais d'autant plus excessives que les fermes sont plus grandes. Notre première disposition est donc bien plus sage puisqu'il est le soutien et la conservation du domaine. Ce seul exemple doit nous suffire : la meilleure manière d'expli-

(1) Colzats aprés les pommes de terre : il est probable qu'ils veulent parler de colzats semés au printems, la saison étant trop avancée, lorsqu'on fait la récolte des pommes de terre pour pouvoir faire encore les plantis de colzats qui doivent avoir le tems et la saison favorables, qu'ils puissent se rémettre en mouvement avant que les geléęs n'arrivent sans cela ils périraient au dégel. D'ailleurs cette succession de culture ne se pratique pas, même aprés l'hyver, si l'on sème quelque fois des colzats d'été, c'est dans les terrains ou la rigueur de l'hyver aura fait périr ces plantis.

quer ce qui est vrai est de démontrer ce qui est faux. On voit par le contraste de ces deux exemples en quoi consiste l'art des assolemens. Poursuivons les observations qui nous restent a faire à cet égard.

Les cultures de pommes de terre, du lin, du chanvre, des colzats, des carottes et navets en première récolte, des fêves de marais et des tabacs, par l'abondance des engrais qu'elles exigent et par les nombreux labours qu'elles reçoivent, ameublissent et nettoyent les terres; ces cultures reconnues pour plantes améliorantes servent de cultures préparatoires aux graminées qui profitent de la portion d'aliment qui s'est trouvée hors de leur atteinte. (1) Pour intercaler ces cultures dont on ne cultive que de petites quantités, chaque année, en proportion de celles qui fournissent les provisions de pailles, qui ne sauraient être trop abondantes puisqu'elles retournent au sol étant converties en engrais, les fermiers divisent la sole des céréales, par cette division ils obtiennent le but qu'ils se proposent. Le froment, le seigle, l'orge et l'avoine occupent le plus souvent moitié de l'exploitation; les plantes améliorantes, parmi lesquelles se trouvent celles cultivées pour la nourriture des bestiaux, prennent ordinairement environ trois dixièmes; les trefles un cinquitme, de même les plantes qu'on obtient en seconde récolte occupent aussi un cinquième. Plusieurs statistiques des productions agricoles sur toute la surface de cette province ont données les mêmes résultats, c'est ce qui vient a l'appui aux insertions que nous venons de faire relativement

(1) Tout fermier entrant doit payer au sortant suivant l'estimation faite, le prix de cette portion d'aliment *dite naervette.*

aux absolemens adoptés et aux divisions des soles.

Le retour sur le même champ d'une graminée est à la vérité plus fréquent que celui des autres plantes, mais en admettant dans l'exploitation diverses plantes améliorantes, on peut le différer, plus on admet de ces plantes plus on recule ce retour; celui qui ne craint pas de s'entourer de trop d'événemens à sur les autres cet avantage; pour ce motif la culture des tabacs, des œuillettes, des panais entre autres cultures est plus suivie par les petits laboureurs.

Les opérations agricoles sont ainsi coordonnées entre elles sans pouvoir nuire l'une à l'autre, elles se succèdent de manière qu'il n'y a aucune perte de tems; moitié, quelque fois deux cinquièmes et rarement le tiers de l'exploitation sont mis en semailles d'automne; de ce nombre sont: le froment le seigle, l'orge et les colzats; pendant et après l'hyver on prépare la terre pour les semailles et plantes du printems, savoir: de l'avoine, des pommes de terre, du lin, du chanvre, des œuillettes, des tabacs, des fèves de marais, des navets et carottes, lorsqu'on les obtient en premières récoltes, mais en deuxième récolte la même année, les navets sont semés immédiatement après l'enlèvement de la récolte du seigle et les carottes après l'hyver dans les pieds des seigles ou ensemble avec le lin; quant aux trefles on le seme le plus souvent avec l'avoine, et quelquefois avec le froment, le lin, les navets qu'on obtient en deuxième récolte, ou dans les fèves de marais après qu'elles sont levées de terre. Tous ces végétaux composent communement les assolemens dans chaque nature de terre, si plusieurs autres végétaux forment de même la culture ordinaire nous allons les indiquer en parlant

DE LA SUCCESSION DE CULTURE.

Avant de nous occuper du détail de la succession de culture, faisons premièrement le relevé général et mettons y les végétaux dans l'ordre qu'ils se succèdent, ces indications ne peuvent comprendre que ceux qui sont régulièrement reçues, comme par adoption dans chaque nature de terre; puisqu'il est constant que par les effets des labours et des engrais, toutes les espèces de terre sont modifiées et sont rendues susceptible de recevoir des plantes qui exigent des terres de première qualité; qu'ainsi les plantes peuvent passer de l'une terre dans l'autre; il ne peut y avoir à cet égard aucune règle déterminée, si ce n'est qu'on remarque que les terres argilleuses melées de limon et de sable sont particulièrement consacrées au chanvre et aux fêves de marais. (Voyez le tableau ci-contre.)

Le froment de mars, l'orge de mars ne se trouvent dans ce relevé qu'aux articles de terres sujettes aux inondations; les œuillettes, les tabacs, les béteraves, les panais, les pastenades, les pois et vesces pour être mangés par le bétail et les variétés telles que soucrion, méteil etc. ne s'y trouvent pas, parce que ces plantes ne sont cultivées dans les exploitations que par substitution aux autres plantes tant il est vrai, et sur-tout en grande culture, qu'on évite de porter du changement dans l'assolement; ces substitutions ne changent en rien l'ordre du travail, puisqu'elles se font sans subdivisions du terroir. C'est ainsi que l'introduction des pommes de terre a été substi-

RELEVÉ GÉNÉRAL

(*Page* 58.)

Des végétaux qui composent communement les assolemens dans chaque nature de terre, mis dans l'ordre qu'ils se succèdent.

QUALITÉS DES TERRES.	L'ON CULTIVE												
	Le froment après	Le seigle après	L'orge après	Le sarrasin après	L'avoine après	Les pommes de terres après	Le lin après	Le chanvre après	Le colzats après	Les fèves de marais après	Les navets après	Les carottes après	Les trèfles ensemble avec
Terres mélangées de limon, d'argile et de sable.	Les trèfles.	le froment.	»	»	les car. en 2.e r.e	les navets.	le chanvre. les pom. de ter.	les navets.	»	»	le seigle.	ensemble avec le lin.	le lin. l'avoine.
Mêmes terres, et où le sable est dominant.	les pom. de ter le lin.	le froment.	»	»	les car. en 2.e r.e les navets.	les trèfles.	les trèfles.	»	»	»	le seigle.	ensemble avec le seigle.	le seigle. l'avoine.
Terres limonneuses, plus ou moins mêlées d'argile et de sable.	les colzats.	le froment.	»	»	les navets.	les trèfles.	les pom. de ter. les carottes.	»	le lin.	»	le seigle.	les trèfles.	l'avoine.
Mêmes terres, et où le sable est dominant.	les pom. de ter. le lin.	le froment.	»	»	les navets.	les trèfles.	les carottes.	»	»	»	le seigle.	les trèfles.	l'avoine.
Première qualité de terres, sujettes aux inondations pendant l'hiver	les pom. de ter.	»	»	les nav. en 1.re r.e	le from. de mars	le sarrasin.	»	»	»	»	l'avoine.	»	»
Terres argileuses, mêlées avec de la vase de mer.	l'orge. les pom. de ter. les colzats. les fèves de mar	»	la jachère (1).	»	»	le 2.d froment (2)	le 2.d froment	»	la jachère.	le froment.	»	»	le 2.d froment.
Terres mélangées d'un limon noir et de sable.	les pom. de ter. le lin.	le froment.	»	»	les navets.	les trèfles.	les carottes.	»	»	»	le seigle.	les trèfles.	l'avoine. les nav. en 2.e r.e
Mêmes terres, et où le sable est dominant.	»	les pom. de ter.	»	l'avoine.	les navets.	les trèfles.	les carottes.	»	»	»	le seigle.	le sarrazin.	l'avoine. le lin. les nav. en 2.e r.e
Terres argileuses, plus ou moins mêlées de limon et de sable.	les pom. de ter. le lin. les trèfles.	le froment.	»	»	les navets.	les trèfles.	le chanvre. les fèves de mar les trèfles.	les navets.	»	le froment. les trèfles.	le seigle.	»	l'avoine. les fèv. de mar.
Mêmes terres, et où le sable est dominant.	»	l'orge.	les pom. de ter. le lin.	»	les navets.	les trèfles.	les carottes.	»	»	»	le seigle.	les trèfles.	l'avoine.
Première qualité de terres, sujettes aux inondations pendant l'hiver	l'avoi.ne de mars les pom. de ter.	»	»	les nav. en 1.re r.e	le from. de mars	le sarrasin.	»	»	»	»	l'avoine.	»	»
Sables.	»	le lin.	»	»	»	le genet (3).	les pom. de ter.	»	»	»	»	»	»

OBSERVATIONS.

(1) La jachère est encore connue dans les poldres; on la pratique après cinq ou six ans de culture: il faut l'attribuer à ce que la population y manque; elle commence cependant à être moins en usage depuis que les journaliers qui y viennent travailler de l'intérieur de la province, cultivent pour leur propre compte des pommes de terre et du lin, dans ces terres y destinées à rester en jachère.

(2) On appelle 2.d froment celui qu'on obtient la 2.de fois, après l'année que la terre a été en jachère.

(3) Le genet est semé dans les pieds du seigle; on attend trois ans avant d'en faire l'abattis.

tuée aux fêverolles et aux pois qui avant cette époque était la principale nourriture des personnes de la campagne; c'est ainsi qu'après l'année desastreuse de 1816, les fermiers voyant que la vente du lin qui se fait sur pied par petites portions et à terme aux tisserands qui lui font subir, toutes les manipulations jusqu'à ce qu'il soit converti en toiles, était desavantageuse parceque la vente des toiles ne prénait dans ce moment, aucune faveur et que le bled était à un prix exhorbitant, ont substitué, en tout ou en partie, au lin le bled de mars; de même après les plantes qui par suite des intempéries des saisons sont détruites en tout ou en partie, on seme des œuillettes dans les terres ou les colzats ont manqué; souvent on voit des béteraves, des panais, des pastenades, des choux cavaliers, même du tabac aulieu des carottes sur le tout ou sur une partie de la terre, qui leur était destinée pour revenir ensuite avec toute la partie aux céréales; du sarrazin aulieu d'avoine, le tout suivant qu'il y a abondance d'un article et que l'autre manque; enfin des pois et vesces ou les trefles sont détruits. Ici la rotation n'est changée que momentanement et toujours de manière à reprendre son ancien cours, suivant les circonstances; c'est la cause qui a fait rejetter la luzerne qui a été cependant d'une d'une réussite parfaite, sa longévité, fait qu'elle occupe le sol trop long-tems.

Il serait préférable, mais on craint dans les grandes exploitations de s'entourer se trop d'embarras, de destiner dans l'assolement un sol à la plupart de ces plantes, par ce moyen les fermiers éloigneraient le rétour de la même plante sur le même champ. Depuis long-tems, on à l'assurance qu'il faut une intervalle de six à sept ans, pour obtenir le lin avec le même avantage sur le même champ, mais aujourd'hui, l'on est convainçu qu'il en est de même de toutes les plantes; les fermiers en ont eu un exemple frappant en 1817, les pommes de terre étant à un prix très élevé, ils en avaient plantés dans plusieurs endroits à une intervalle d'une ou deux années et la récolte ne leur a pas donné au tiers prés ce qu'ils ont récolté sur un champ d'une superficie égale, mais ou un intervalle de plusieurs années avait été observé.

Par cette pratique de substituer une plante d'hyver à une autre, de même qu'une plante de printems à une plante améliorante, il est difficile de déterminer les successions de cultures qui semblent varier chaque année, d'une ferme à l'autre. Ce que nous pouvons dire à cet égard : c'est que les fermiers n'ont d'autre règle que celle d'intercaler les plantes améliorantes avec les plantes exigeantes ; le seigle et le lin font exception : on sème le seigle de préférence dans une terre substantielle après le froment ou après l'orge ; en donnant à cette plante une terre peu amandée on à des épis d'autant plus abondans en graines ; et on sème le lin aprés une plante presque toujours améliorante qui par les fréquens labours qu'elle a reçue conserve la terre dans la plus grande nettété.

On peut conclure de ce qui précède :

1.° Que toute succession de culture commence par l'une ou l'autre des plantes améliorantes et finit par une plante exigeante. Sauf les deux exception ci-dessus.

2.° Que la succession de culture comprend les diverses semailles et plantes adoptées dans l'assolement.

3.° Que puisque l'assolement adopte plus d'une

sole de la même céréale et plus d'une sole des plantes fourragères, pour ne pas s'écarter du principe invariables des besoins indispensables des pailles et des fourrages, on observe, pour pouvoir l'établir, sans devoir rien changer à la rotation pratiquée, de diviser la succession de cultures en autant de périodes qu'il y a des soles de la même céréale, ainsi si le fermier doit avoir trois soles de froment ou de seigle, ces trois soles formeront trois périodes ayant chacune sa rotation.

Comme nous l'avons remarqué les petits cultivateurs ont soumis à une culture regulière en plein champ les pommes de terre, le chanvre, les colzats en pépinieres, les carottes et les fêves de marais, long-tems avant qu'on avait conçu l'idée de les classer dans les grandes exploitations. Les coutumes prescrivant aux fermiers l'ordre des trois soles dont une des jacheres, cette condition qui se met encore dans tous les baux par une routine tout-à-fait aveugle, (1) ne leur à permis d'y déroger, qu'après que les propriétaires furent convainçus des effets fertiles de l'alternat de ces plantes avec les céréales, par les exemples que leur donnaient les petits fermiers qui n'occupaient que des mauvaises terres, par bail à longues années, purement et simplement, à charge de cultiver et d'améliorer le fonds.

---

(1) Non obstant cette condition le fermier prend la liberté de cultiver comme il juge convenable. Il est bon cependant de prendre des précautions pour empêcher qu'il n'épuise les terres en les forcultivant à la fin de sa jouissance. Il y a une condition que l'on peut regarder comme renfermant toutes les autres, c'est celle de l'obliger de mettre tous les ans en prairies artificielles tant en navets, en carottes ou béteraves, soit en premiere soit en deuxième récolte, qu'en trefles et fêves de marais au moins le quart de son exploitation; de tenir la ferme garnie de bétail pour consommer ce fourrage et d'employer les engrais sur les terres de la ferme.

L'introduction de ces plantes furent autant d'époques mémorables qui apporterent de l'amélioration dans notre agriculture, tant sous le rapport de l'éconômie que sous celui de l'amendement. Ces plantes étant alternées avec les céréales préviennent l'exténuation de la terre que ces récoltes successives devaient y occasionner et qui forçaient le cultivateur a y faire succèder une année de non produit pour réparer le mal, en détruisant par plusieurs labours, à de courts intervalles, les herbes et racines nuisibles.

Ces mêmes plantes n'occupant que ces terres qui étaient tous les trois ou quatre ans improductives, ont amené dans l'assolement la suppression des jachères sans diminuer dans l'exploitation les soles des céréales.

Ces plantes la plupart de fourrages ont donné le moyen de nourrir un plus grand nombre de bétail et par conséquent celui de pouvoir convertir les pailles en engrais; ainsi, elles restituent au sol les engrais qu'elles exigent et maintiennent l'équilibre nécessaire entre les besoins de la terre et ses productions.

Leurs cultures n'ayant pas lieu aux mêmes époques, les fermiers peuvent faire emploi de leurs charrues pendant presque toute l'année, que les cultures des céréales n'occupent que pendant des saisons déterminées; faculté qui leur permet l'exploitation d'une plus grande étendue de terrain avec la même charrue. Autrefois avec une charrue on n'exploitait que vingt-quatre arpens de terres labourables aujourd'hui elle suffit à quarante même à quarante-cinq arpens. (Deux chevaux sont le nombre le plus généralement employé à la charrue.)

Les grands cultivateurs sont donc redevables

des progrés de l'agriculture à ces petites exploitations, par elles ils ont été menés à une grande perfection au point que, par l'assolement qu'ils adoptent, ils obtiennent tout les ans sur toute leur exploitation environ un cinquième de productions de plus en seconde récolte. La crainte qu'ils ont d'accumuler les travaux et s'attachant aux plantes spontanées, les retient de changer l'ordre des cultures adoptées; pour cette raison, ils ne peuvent atteindre au degré de prospérité ou sont parvenus les petits cultivateurs qui font le plus souvent trois récoltes en deux ans sur toute leur exploitation; nous voyons quelquefois obtenir la même année du lin après les colzats, du tabac après le lin; et des pommes de terre après l'orge, l'esprit de spéculation dont ils sont animés les portent à recevoir dans leurs cultures telles plantes, dont la végétation est courte et accélérée que momentanement les circonstances de la saison rendent favorables pour pouvoir les obtenir en seconde récolte. C'est ce qui explique comment les petits fermiers sont à même de pouvoir payer un bail environ d'un cinquième de plus que les grands fermiers eu égard à une étendue égale de terrain.

Nous avons fait entrevoir combien les petits fermiers sont supérieurs à amander les terres; pour plus d'éclaircissemens à cet égard nous donnerons ici une notice des engrais et des façons multipliées qu'on donne aux terres.

DES ENGRAIS ET DES FAÇONS MULTIPLIÉES

QU'ON DONNE AUX TERRES.

Les matières qui sont employées comme engrais sont :

Le fumier des bestiaux.

Le fumier de la volaille.

La chaux.

Les cendres de différentes natures.

Le tourteaux ou résidu des graines oléagineuses.

Les vidanges et les urines du bétail.

Les eaux grasses et sures des amidonniers.

Les eaux grasses dans lesquelles on a dégraissé la laine.

Le sang de divers animaux recueilli dans les tueries.

Et le caférain qui est un composé des objets ci-dessus, de la vase provenant des curures des revières, des étangs et des fossés, des immondices des rues, des épluchères de legumes, des herbes diverses, des déblais écrassés de vieux bâtimens, de la suie, du résidu de garance, de sucreries et de teintures et du tan laissé à l'air.

On enfouit le fumier ou le caferain avant le labour à demeure après l'avoir réparti également; presque toujours une personne précède la charrue pour mettre le fumier dans le dernier sillon qu'elle vient de tracer.

La chaux n'est employée que dans les terres compactes; avant de l'enterrer on a soin de couvrir la masse de chaux avec de la terre ou de la meler avec des curures des fossés.

Il est d'usage de repandre les vidanges ou les autres engrais liquides avec un cuiller de bois et par aspersion, au mois de mars ou avant que les plantes soient en mouvement et dans les terres fortes avant le labour à demeure; ces amendemens sont employés comme addition d'engrais à toutes les plantes lorsqu'on le juge convenable.

Lorsqu'on fait emploi des tourteaux on les mélange avec l'engrais de vidanges. Cet engrais est enterré avec la herse et l'on attend quelques jours avant d'y jetter la semence parcequ'il pourrait la bruler. On applique cet engrais particulierement aux lins.

Les cendres se repandent à la main dans toutes les terres; on en fait un grand usage dans les terres défrichées qui reçoivent leurs premieres cultures; et particulierement sur les treffles.

Parmis les herbes dont on se sert pour engrais il faut comprendre celles qui croissent sous l'eau; immédiatement après qu'on à retiré ces herbes des rivieres et des canaux, on le met à l'entour des pommes de terre lorsqu'elles sont levées de terre et avant qu'on rehausse la terre à l'entour de chaque plant. Cet engrais remplace les vidanges qu'on y repandrait.

L'on commence aussi par semer après l'hiver, dans les pieds du froment, des treffles pour être enfoui comme amendement en automne.

Pour suivons les amendemens qu'on donne aux terres par les labours.

Le champ reçoit trois labours avant l'hiver; en commençant aussitôt qu'il est dépouillé de sa récolte, pour les semailles des céréales et les plantations en pépinieres des colzats; on n'en donne qne deux lorsqu'elles succedent à une plante dont l'enlévement de la récolte équivaut à un labour, telles que les pommes de terre les carottes etc.; on met le terrain en planches elevées sur une largeur de cinq a six pieds; après le semis des céréales on y passe la herse et puis le rouleau, où, ce qui est plus efficace, on trepigne la terre avec les pieds; il n'est pas d'habitude de rouler le seigle semé dans une terre légere; on termine les opérations, avant l'hiver, par approfondir les sillons avec la Bêche et on jette la terre sur les planches, en faisant l'action de tamiser, pour couvrir davantage la semence si c'est une céréale, ou en mettant chaque bêchée de terre entre les plantis de colzats, qui se font à distance égale de huit à neuf pouces, pour mieux chausser les pieds.

Pour ler semailles du printems le champ reçoit ordinairement deux labours exhaussés en planches avant l'hiver, et pour mieux remplir le but qui est d'émietter et de diviser la terre, surtout lorsqu'elle est destinée à la mettre en pommes de terre, en lin, en chanvre, en tabacs, en navets et carottes en premieres récoltes, ils approfondissent les sillons et mettent la terre en hotées sur les planches (holvoeren) ce qui forme des petites buttes que les gelées et les pluies reduissent en poudre; après l'hiver il reçoit deux labours; les semis sont hersés et reçoivent l'opération du rouleau; les plantations des pommes de terre se font par rigoles très profondes et d'un pied de largeur, pratiquées dans toutes la longueur du champ avec la houe quarrée à longue manche; on met dans ces rigoles cinq à six pouces d'épaisseur d'engrais et on y jette la pomme à la distance d'environ un pied, qu'on recouvre de terre en rendant unie les planches avec le même instrument.

Pour les plantes qui succédent immediatement

à celles qui sont détruits par les intemperies des saisons, comme pour celles qu'on obtient en seconde recolte la même année, on ne donne qu'un seul labour.

Le champ étant ainsi mis en planches on à outre l'avantage, que dans les grandes pluies, ces sillons reçoivent les eaux surabondantes, la facilité du sarclage que reçoivent toutes les plantes indistinctement, qui permet à l'ouvrier, étant dans le sillon en se trainant sur ses genoux, de faire son travail sans fouler la terre. Ce travail se fait à la main, on ne se sert du sarcloir que pour les pommes de terre, les colzats, les tabacs et dans les terres fortes pour les fêves de marais et les cereales. S'il y a quelques exceptions pour des plantes semées au printems qu'on met le champ à plat comme pour le lin, le sarrazin, et le plus souvent pour l'avoine, c'est que l'opération du sarclage peut se faire immediatement après qu'ils sont levés de terre sans nuire aux plantes, comme aussi que ne restant pas longtems sur pied, ils n'ont pas a craindre, ou du moins on ne s'attend pas, qu'il y ait pendant la saison de l'été des eaux superflues.

Il est à remarquer qu'on suit les mêmes opérations dans les terres fortes comme dans les terres légeres, les labours a demeure et ceux pour laisser reposer la terre pendant l'hiver sont toujours très profonds, ils ont au moins huit pouces de profondeur et on observe de retourner à chaque raie une très petite épaisseur ponr mieux diviser la terre, soit qu'on projette d'y mettre une plante pivotante, soit une plante qui ne pivote pas. On enfouit très profondement le fumier parceque les fermiers n'ont en vue que de conserver leurs terres dans un état perpétuel d'ameublissement, persuadés qu'ils sont, que, par les labours qui succederont, ils rameneront à la surface du champ cette terre végétale neuve, chargée d'engrais. Leur but n'étant pas de donner plus de nourriture à une seule plante, mais en même-tems à celles qui leur succedent. Ils renouvellent les engrais par portions égales souvent deux années de suite et jamais ils n'attendront plus de deux ans. Pour ce motif ils ne distinguent pas la quantité d'engrais avec la profondeur des labours, qui suivant leurs profondeurs peuvent en exiger d'avantage si l'ont veut mêler toute la portion de terre que la charrue retourne. Ils n'ignorent cependant pas que l'une plante est plus exigeante que l'autre, dans ces cas ils ont recours aux engrais liquides qu'ils y repandent par addition comme pour les pommes de terre, les colzats, les chanvre, le tabac, les carrottes et les navets en premiere recoltes; s'il faut citer une seule exception où l'on fait emploi du tiers de plus de fumier c'est pour le chanvre parcequ'on a l'expérience que l'année d'ensuite on y obtient le lin avec avantage sans engrais.

D'ou vient cette uniformité d'opérations? C'est que les grands fermiers imitent, autant que possible, celles qui sont faites à la Bêche. qui, dans telles terres que ce soit, se font de la même maniere toujours très profond et très divisants où l'on enterre le fumier très profondement et qu'il n'y a pas d'exemples que jamais ces façons aient nuies à aucune plante.

En outre : on aura distingué le grand nombre d'opérations qui se font à la Bêche, avec le sarcloir, la houe et à la main, la maniere de repandre les engrais liquides, celle de faire préceder la charrue par une personne pour mieux repartir et bien enterrer le fumier dans le sillon, celles de trépigner la terre au lieu de se servir de rouleau, les façons qu'on donne aux pommes de terres, les nombreux sarclages la plupart à la main, celle d'approfondir les sillons qui séparent les planches pour mieux couvrir le semis ou mieux chausser les pieds des plantes, enfin celle de preparer les terres pour les semailles du printems ou on a la pratique, après les labours en planches, de mettre chaque Bêchée de terre, rétirée des sillons, qui séparent les planches, en hotées sur ces planches pour mieux la laisser diviser, sont autant d'opérations où l'on reconnait le laboureur qui privé dans le principe des moyens de faire les dépenses d'instrumens oratoires qui coutent beaucoup, sut exécuter tous les travaux des champs avec la Bêche et des simples outils, et l'on peut avec assurance lui attribuer d'être l'inventeur de ces opérations.

Ses succès ont du engager les grands fermiers a adopter toutes ces façons qu'on donne aux terres ils auront particulierement faits attention que la méthode de mettre le champ en planches, qui a remplacée les labours à plat, avait les résultats les plus avantageux; cette méthode pratiquée dans le commencement pour diminuer la trop grande humidité des terres marécageuses, s'est généralisée, parcequ'on observait qu'en approfondissant ces sillons qui séparent les planches, on donne à la terre, pour ainsi dire, un espece de défoncement qui la rend plus perméable aux racines des plantes, aux principes de l'air, aux pluies et même à la chaleur du soleil; ajoutons que pour mieux accomplir ce but, ils ont soin de réculer chaque année les planches de maniere qu'en cinq ou six ans le sol est totalement défoncé à environ deux pieds de profondeur;

— Les grands fermiers auraient ils voulu faire

ces dépenses avec la Bêche, que leurs charrues ne purent remplir, s'ils n'avaient été convaincus de ses effets fertiles; elles paraissent avec évidence en donnant aux planches moins de largeur qu'à l'ordinaire parceque le défoncement en est fait plus rapidement; de même aprés l'enlévement d'une vieille houblonniere, nonobstant que cette plante soit trés épuissante, mais la terre aiant reçue, pendant la durée de son existance; des labours à la main le plus profondement possible, il s'y manifeste une riche végétation; on y seme ordinairement du froment sans être fumé et toujours la recolte surpasse un quart au moins d'une recolte ordinaire. En second lieu : en approfondissant ces sillons on remue légérement la terre non végétale, s'il s'en trouve, même on en ramene à la surface quelques petites particules qui ne rendent pas le sol infertile, et par l'exposition à l'air elles se decomposent et laissent plus de fond au terrain, de sorte que le sol le moins riche en fonds, après un laps de tems, n'en manque pas, au point qu'il y en a qui offre deux à trois pieds d'Humus; ainsi ces terres légeres, avec le secours des engrais, ont acquis de la substance et sont rendues convenables à toutes les productions; on y voit alors cultiver toutes les plantes avec succès jusqu'au houblon qui particulierement demande un champ qui a baucoup de fonds. Ces opérations donc, qui d'abord ont pris naissance par nécessité, furent conservées par la suite pour leurs avantages inappréciables.

Il suit délà que ces petits laboureurs se soucient peu de se servir de la charrue parcequ'avec un seul labour à la Bêche, soit avant l'hiver, soit au printems, ils remuent mieux les particules de la terre que celui qui donne deux ou trois labours à la charrue, qu'ainsi les dépenses ne peuvent differer de beaucoup; il y a même des circonstances où les labours a bras sont moins couteux, par exemple pour tourner un champ mis en treffles, il sera fumé et préparé pour recevoir les semailles en donnant un labour à bras à deux Bêchées de profondeur; il mettra la premiere Bêchée avec le gazon en dessus, et la seconde sera mêlée avec l'engrais déjà répandu d'avance sur le terrain qu'on a soin de repartir dans les Bêchées à mesure qu'on avance, tandis que l'autre avant de pouvoir faire ses labours ordinaires à la charrue, est obligé de tourner le gazon, de herser à plusieurs réprises pour ménuiser et briser les mottes, de mettre les chevelus en moncéaux, de les faire transporter hors du champ s'ils ne sont pas assez secs pour pouvoir y mettre le feu, toutes ces façons augmentent les dépenses au delà de ce qu'il en coute pour donner un labour à bras même très profond.

Après que nous nous sommes occupés d'assolement, de succession de culture et des façons, multipliées qu'on donne aux terres, nous croyons bien faire, quoiqu'il n'y a presque pas de difference entre les petits et grands fermiers, de donner ici une idée succinte

DE L'ÉDUCATION DU BÉTAIL

ET DE LA MANIÈRE DE GOUVERNER LES LAITAGES.

Nous avons eu l'occasion de parler de la nourriture de bestiaux dans le tableau que nous venons d'exposer d'une petite ferme, nous y revenons pour développer la maniere de les elever, de les engraisser et comme on attache le plus d'importance aux produits du lait pour faire du beurre nous dirons comment on y procéde :

Des Vaches. en general on trouve de l'avantage à nourrir toute l'année les vaches à l'étable parcequ'on profite de leurs fumiers et qu'on pretend qu'elles donnent plus de lait; on les affourage trois fois par jour et on leur donne à boire le matin et le soir.

Indépendamment de cette nourriture elles profitent des paturages pendant les jours d'été et d'automme; on le met à l'air après que la rosée est dissipée; elles sont ramenées entre neuf et dix heures du matin; l'après diner elles sortent à quatre heures pour rentrer à la brune. Les fermiers qui ne possédent pas de prairies les laissent dans les vergers, ou bien les font conduire par des vachers, au moyen d'une longue corde attachée aux cornes, sur les bordures en herbes qui font le contour des champs cultivés; ceux qui ont des prairies les y conduisent au regain après la premiere coupe du foin. Les fermiers dont les fermes sont situées dans les environs des prairies ne sont pas en peine de trouver en location du regain pour y laisser paturer leurs bestiaux, même pour un prix très modique, parceque les propriétaires y trouvent de l'avantage, ils engraissent les prés de leur fumier et en previennent l'epuissement.

On trait les vaches trois fois par jour; l'on compte que sur un nombre de Vaches, l'une dans l'autre donne seize pots de lait et une livre de beurre sur douze pots. Le pot pese environ deux livres six onces.

Les procedés pour faire du beurre se réduisent à deux manieres : on en fait avec la crême enlevée de dessus le lait, cela se pratique particulierement aux environs des villes où l'on a l'avantage de vendre le lait; et dans bien des endroits on n'écrême pas le lait.

Après la traite on met le lait dans des terrines de terre cuite, d'une forme assez plate avec un bec, placées à la cave; en été douze heures après la traite et en hiver souvent vingt quatre heures on procéde au battage de la Crême ou du lait non ecrêmé; lorsqu'on écrême le lait on tient la terrine legerement penchée en tenant l'index de la main gauche sur le bec, le lait qui se trouve dessous s'echappe par le bec dans une cruche destinée à le reçevoir ensorte que la crême reste seule dans la terrine.

Les barattes les plus en usage sont celles en formes de tonne dont un des fonds donne une ouverture pour y passer la batte, il existe aussi des barrattes avec lesquelles on ne se sert pas de batte, la tonne est placée sur deux pieds arrondis en forme de croissant de manière qu'il n'y a qu'à la balancer; avant de s'en servir on a l'attention de la laver avec du lait battu chaud et ensuite avec de l'eau fraiche; le lieu le plus frais sert d'emplacement et on choisit la grande matinée où le soir pour se mettre à l'œuvre; dès que la crême où le lait est versé dans la baratte on la bouche et une personne lui donne, avec la batte, ou sans batte lorsqu'on se sert de cette derniere, un mouvement egal, moderé et sans interruption; pour accélerer l'opération, surtout en hiver, on ajoute une partie de lait chauffé; aprés on separe le beurre dans des ecuelles de bois moitiè pleines d'eau fraiche; on l'etend ensuite avec une cuillère de bois et on renouvelle l'eau fraiche; on petrit à diverses reprises jusqu'à ce qu'il s'est totalement degagé du lait et que l'eau en soit claire.

Le temps de la floraison des roses est l'époque

qu'on s'occupe de faire des provisions c'est probablement parceque cette époque correspond à trois ou quatre mois après le velage et qu'alors le lait a acquis sa plus grande bonté.

Revenons aux vaches pour parler du traitement qu'elles reçoivent dans leurs premiers enfance.

On enleve le veau a la mere immediatement après sa naissance; on le laisse en repos dans une étable separée; on lui fait boire le lait de la mere, mis dans une seau à l'instant où l'on vient de le traire, en y mettant la main et en présentant l'index à la bouche du veau qui le suce; s'il est destiné à la boucherie, deux mois après, on ajoute au lait des œufs et du pain bluté; ils sont gras au bout du troisième ou quatrième mois, alors ils pèsent ordinairement environ cent cinquante à deux cents livres; si on destine le veau à la propagation de son espèce, ou pour avoir des bœufs ou genisses, à la fin du premier mois on le met à l'air pendant l'été; deux fois par jour on lui donne à boire du lait battu; on ne le renferme à l'étable que pendant l'hiver où on le nourrit au sec.

A quinze mois environs on chatre les males, ceux qui sont destinés à la réproduction ne subissent l'opération qu'à cinq ou six ans; le taureau engendre à dix huit mois, la femelle lui est amenée à pareil age.

Après avoir parlé de son éducation il sera ici question de la manière de l'engraisser : nous avons l'engraissement à l'herbe, à l'étable et celui qui se fait dans les distilleries.

De l'engraissement à l'herbe. Il est d'usage pour prévenir l'épuisement des prés, de laisser manger l'herbe par le bétail tous les sept ou huit ans, ces prés sont consacrés à l'engraissement; étant tous divisés par des fossés on peut y mettre le bétail, sans qu'il parcoure ces grandes etendus de prairies, en nombres calculé suivant l'étendue et la qualité de la partie de prairie qu'on veut restaurer; ce nombre se compose le plus souvent d'un bœuf, du tiers de genisse et le reste de vaches méchantes, de celles qui cessent d'entrer en chaleur et de celles qui sont agées de sept à huit ans; pour mieux repartir la fiente sur la prairie on a soin de placer un poteau (Vryfstok) qu'on deplace pendant la saison de l'un endroit à l'autre, les bestiaux ne manquent pas de se reunir par instinct le soir à ce poteau pour ruminer. Les fermiers ne sont pas les seuls qui se livrent à cette manière d'engraisser le bétail, les bouchers de même prennent à cette fin la prairie en location pour une année.

De l'engraissement à l'étable. l'engraissement artificiel se fait dans des étables basses peu aërées et peu éclairées; on y tiens le bétail sans mouvement et sans distraction dans un repos absolu, les fermiers partagent leurs journées en plusieurs repas; on ne leur donne pas deux fois de suite le même repas; chaque repas n'est que d'une petite quantité; ainsi ils ont des pommes de terre, des carrottes, des bêteraves, des fêves de marais concassées mêlées avec du mare des brasseries, des tourteaux de sémences huileuses et du residu des genievreries. L'engraissement chez les distillateurs ne differe de celui des fermiers qu'en ce qu'ils ne peuvent varier aussi souvent les repas.

Le poids des bœufs varie depuis huit cents livres jusqu'à douze cents; on en a vu de trois mille livres mais ce cas estrare; celui des vaches depuis six cents à neuf cents livres: la chair est plus savoureuse des bêtes engraissées à l'herbe que celles engraissées artificiellement et parmi celles-ci on donne la préférence à l'engraissement chez les fermiers; on remarque qu'une vieille vache engraissée après avoir fait une route d'une quarantaine de lieues donne une chair aussi savoureuse que celle d'une genisse, pour cette raison elles sont rechèrchées par les marchands qui les livrent dans l'interieur de la france.

Observons en passant : qu'il y a des distilleries dans plusieurs grandes fermes, les cultures y profitent de ce bien être de plus; dans les distilleries où l'on s'occupe de l'engraissement, et qui ne sont pas attachées à des fermes, les fermiers y vont chercher le fumier et les urines du bétail; et dans celles où l'on ne se livre pas à l'engraissement; les petits cultivateurs y viennent chercher les residus et se chargent d'engraisser le bétail eux-mêmes. Ces distillateurs en plus grand nombre ont l'avantage de ne pas devoir employer un capital en bestiaux. Tous ces établissements outre qu'ils sont precieux sous le rapport de l'engraissement du bétail, en convertissant plusieurs des denrées des fermiers, telles que le seigle, les sarrazin, l'avoine et l'orge, en genievre, En rendent les débouchés prompts, faciles et éconômiques et soutiennent la balance des frais d'exploitations et des profits dans des années de grande abondance et dans les momens qu'ils y a peu de mouvement dans le Commerce, parcequ'il est plus facile de faire des grandes réserves des genièvres lorsqu'ils sont à bas prix, indépendemment qu'un nombre infini d'individus (tels sont les cantiniers et les aubergistes) peuvent s'y livrer qui en augmentent les débouchés, que des denrées qui ont servies à sa fabrication, desquelles les reserves ne sont faites que par un très petit nombre de marchands insuffisans pour pouvoir dans ces circonstances suffire aux débouchés nécessaires pour soutenir la balance avec les frais d'exploitations.

Des Verrats, des Truies et des Cochons. dès que le verrat et la truie ont atteint l'age de huit à neuf mois on les destine à propager leur espèce; les verrats ne servent les femelles que jusqu'à dix huit mois; alors on les chartre pour les engraisser; on laisse donner aux truies, si elles sont bonnes mères, trois ou quatre portées avant de leur enlever les ovaires; après la première portée on leur donne le mâle deux fois l'année.

Au moment de la delivrance on nourrit la truie amplement avec des pommes de terre cuites, dans lesquelles on delaye du lait battu mêlé avec des farines de seigle, de sarrazin, d'orge, ou de fèves de marais concassées que plus ou moins on a laissé aigrir dans leurs boisson, on delaye également de la farine dans leur eau pour boire; au bout d'un mois on commence à donner à manger aux jeunes cochons pendant l'absence de la mere, à six semaines on chatre les males et on enleve les ovaires aux femelles qui sont destinées à être engraissées et deux mois après leur naissance ils doivent se passer de la mere.

Ces animaux, les moins difficiles dans le choix de la nourriture, mangent tout les alimeus qu'on leur donne; lorsqu'ils ont atteint huit à dix mois on les met à l'engrais; outre les nourritures que nous venons d'indiquer, également reparties en plusieurs repas, on leur donne du mare d'amidon, du pain de suif, des farines de toute espèce et du son; on à soin de les tenir en repos, et très proprement, en renouvellant souvent la litière, chacun dans un trou separé dont l'ouverture est vers le nord.

Il n'y a pas de famille à la campagne qui n'engraisse pour son usage un ou plusieurs cochons.

Des Beliers, des Brebis, et des Moutons. on ne voit des bergeries que dans le grandes fermes où les troupeaux passent les nuits; on les faits sortir après que la rosée est dissipée; dans les grandes chaleurs on le fait rentrer pendant les heures les plus ardentes de la journée; on evite autant que possible de les laisser sortir pendant les pluies un peu fortes; les bergers les conduissent paître le long des routes, des chemins et des champs après la recolte; avant de les rentrer à la bergerie ils les conduissent à l'abreuvoir; pendant l'hiver, quoiqu'ils sortent aussi souvent que possible, ils vivent plutôt de foin et de paille, même de paille de fèves de marais.

Les beliers et les brebis sont employés à la reproduction vers la deuxieme année de leur vie; on se sert des beliers pour la monte jusqu'à l'age de huit ans; on leur donne cinquante femelles; on ne garde les brebis tout au plus que huit ans.

Le tems de l'agnelement est presque toujours vers le mois de mars et d'avril, six semaines avant et après le part on augmente la nourriture des brebis avec des fèves de marais ou avec de l'avoine ou de foin de trèffles; très souvent elles donnent deux agneaux, alors on leur en ote un qu'on engraisse avec du lait, des œufs et des farines.

Les beliers-agneaux destinés pour l'engraissement subissent l'opèration de la castration à la sixieme semaine; vers la même époque on leur coupe deux tiers de la queue de même qu'aux brebis-agneaux.

A un an et demi on met les moutons à l'engraissement; souvent ceux qui paissent dans les champs après la recolte des grains sont en automne en assez bon état pour être tués; s'ils ne sont totalement engraissés on les achève à l'étable en leur faisant manger de l'avoine ou de fèves de marais; ils pèsent environ deux cents livres.

La tonte à lieu généralement à l'aproche des chaleurs; il y a des hommes qui en font profession qui se transportent de ferme en ferme, les fermiers vendent les laines en suint et par toison; une toison pèse environ douze livres.

Des chevaux. dans cette province il n'y a pour ainsi dire qu'une seule race de chevaux on la distingue par les chevaux du pais d'Alost, ils sont beaux, et bien proportionnés, ils sont propres à l'agriculture, aux charrois, et au carrosse.

Les substances dont on les nourrit sont : l'avoine, le foin des prairies naturelles, le foin de treffles, les treffles en verd et l'orge en verd; on leur donne encore de la paille de froment dans toute sa longueur et de celle hachée, melée avec des carottes, de l'avoine, des fèves de marais et du son, le tout mouillé; on à soin de mettre du son ou des farines dans leur eau qu'on tire d'avance pour la mettre dans une cuve placée à l'écurie.

Tous les fermiers s'atachent à avoir des juments pour tirer le bénéfice des poulains; on fait couvrir les juments par des étalons de choix soumis à l'expertise des veterinaires nommés par l'autorité.

Les poulains passent l'été à l'air dans les paturages et dans les endroits où les fermes n'ont qu'un verger on les laisse entrer dans l'écurie pendant quelques heures de la journée où ils reçoivent des treffles en verd; pendant l'hiver on les met à l'écurie où on les nourrit avec du foin et un peu de melée.

A dix huit mois le cheval s'il n'est pas destiné à la production subit l'opération de la castration.

Les fermiers ne gardent les poulains que jusqu'à deux ans s'ils ne leur sont pas necessaires pour le remplacement, les petits fermiers achètent ces poulains ils les employent à des legers transports, a herser, rouler et donner un labour leger tel que celui de tourner un chaume. et le livrent au commerce a quatre ou cinq ans souvent avec grand bénéfice. Leur spéculation ne se borne pas à acheter des poulains du pays mais ils en achetent aussi de race fine; de la vient que nous voyons dans nos foires aux chevaux, nommément ceux de la mi-carême à Gand et du neuf de mai près de Gand. Cette grande quantité de chévaux de Hollande, du Hanover et de Mechelenbourg.

Des Anes. L'ane est d'une grande ressource pour le petits cultivateurs; ils les occupent au même services leger que lorsqu'ils ont des chevaux; ils les nourrissent pour ainsi dire avec tout ce que les autres animaux rébutent.

Nous nous dispenserons d'entrer dans le détails de son éducation puisqu'elle est la mêmes que celle du poulain à l'exception que sa nourriture est moins soignée.

Tous ces détails que nous venons de donner doivent nous suffire pour confirmer que dans une petite exploitation aussi bien que dans une grande, l'homme intelligent peut deployer son industrie non seulement en ce qui est rélatif à la culture des terres, mais aussi dans l'éducation des bestiaux, dans leur engraissement et dans celle des chevaux; et des ânes non moins précieux en ce qu'ils en tirent de bons services mais qu'ils favorisent ceux qui n'ont que peu de moyens.

Nous venons de faire connaître que les fabrications des matières venant du sol ont favorisées l'augmentation et la conservation des habitants de la campagne; ayant constamment de l'occupation, ces journaliers sesont attachés au lieu où ils purent penser à faire quelques épargnes, qu'ils employèrent à la culture des terres; n'ayant besoin que de quelques ustensiles de peu de valeur pour pouvoir en exécuter les opérations, ménageant biens le tems, mettant à profit avec la vigilance la plus scrupuleuse les engrais que demandent les terres, il ne leur a fallu que peu de moyens pour arriver aux fins de devenir fermiers.

Nous avons fait entrevoir comment ils sont parvenus à mettre en culture les marecages: des canaux géneraux de dessechement (beken) ont été pratiqués en suivent dans les lieux bas les sinuosités que présentait le terrain; dans leur cours ces canaux reçoivent les ramifications des canaux secondaires de droite et de gauche qui divisent le sol en petites parcelles; ces parcelles, par ces fossés bien creux, en ont obtenu un surhaussement qui tient la terre en état d'être labourée en tout tems; aux bords de ces fossés on a planté des haies pour taillis et par cette heureuse disposition la terre doit en partie sa fécondité, elles entretiennent, avec les arbres qui bordent les routes, les chemins de traverse etc., la fraicheur en été et le calorique en hiver et leur multiplicité remplissent en même tems les effets d'une vaste forêt, en attirant l'humidité, les rosées et les pluies salutaires.

Nous avons mis sous les yeux comment ils ont disposés les terres à pouvoir produire les fruits. On leur doit cette judicieuse opération d'approfondir les sillons qui separent les planches par où le terrain le moins riche en fonds, par le défoncement moderé qu'il reçoit tous les ans alternativement sur une partie, après un laps de tems, est rendu propre à toutes espèces de productions. Cette opération toute couteuse qu'elle soit, pour ses avantages inapréciables, est suivie dans les grandes exploitations tant pour les labours de préparation que pour ceux de demeure; ils ont aussi aplani ces dunes ou pour mieux dire ces hautes montagnes sablonneuses qui tracent les limites du bassin de l'Escaut et de celui de la Lys, aux moyens des cultures à la Bêche; en même tems qu'ils ramenaient chaque année une tranchée de terre au pied de la montagne en mettant en valeur leurs parcelles, ils leurs donnerent une forme convêxe; avec la disparition de ces montagnes les établissemens s'y sont formés, des routes y ont été construites (1) ainsi ils ont mis à profit tout terroir grand ou petit qui par l'usage de la charrue était condamné à rester sans valeur.

Nous avons fait entendre qu'ils ont formés ces établissement où ils disputèrent par émula-

---

(1) L'on peut s'en convaincre en parcourant près de Gand la route de Maltebrugge jusqu'au de la de l'endroit dit Lammeken, où l'on voit les vestiges des dunes qui separent le bassin de l'Escaut d'avec celui de la Lys.

tion les fabrications des toiles, aux grands fermiers leurs maitres qui ne purent soutenir la concurrence; ces petits fermiers, pendant les heures qu'ils ne peuvent s'occuper des travaux de la campagne, chacun en son particulier, dans l'interieur de sa famille, et avec le secours de ses enfans et de ses domestiques, pour leur propre interêt, concourrent à cette immense manufacture si abondante en productions; ainsi cette fabrique dispersée n'a aucun frais de batimens, aucun frais de direction, ne peut être ruineuse à celui qui l'entreprend, ni le mettre dans la nécessité pressante de vendre souvent à perte pour subvenir à sa dépense courante, ni le mettre dans le cas de devoir payer des frais extraordinaires, pendant que ses rouets et son metier sont vacants, et d'éprouver des pertes de tems lorsque ses tissus ne sont pas en faveur aux grands marchés de l'Europe; c'est pendant ces momens qu'on a vu effectuer dans ses champs ces travaux extraordinaires pour donner une disposition favorable aux enclos de terres, dont tout cultivateur s'abstiendrait de vouloir en faire la dépense, s'il devait en payer les journées; par ces fabrications tant recherchées dans les deux hémisphères, ils y ont attirés cette pluie d'or qui est rétombée sur les campagnes, pour y reproduire des nouvelles matieres; cette pluie d'or étant partagée n'a pu exciter cet attachement que les richesses en masse auraient pu produire aux préjudices des défrichemens des terres, mais elle a servie de ressort à l'industrie et au travail, tout au grand avantage de ces petites exploitations, où l'on n'épargne rien pour augmenter les réproductions.

Nous leur devons: l'étude de la nature plus ou moins épuisante de chaque végétal et de la quantité et qualité d'engrais qui doit augmenter sa fertilité ; (1) la distinction des plantes dont la végétation est courte et accelerée de celles qui demandent à rester longtems sur pied, et de la plante qu'il convient de faire succeder ou d'intercaler ; la remarque fait avec jugement des plantes qui fournissent des produits qui restituent en grande partie au sol des engrais, et de celles qui donnent peu de moyens d'en faire ; enfin ces calculs raisonnés qu'exige l'assolement qui assure au propriétaire la conservation de son héritage.

C'est vous entretenir de leur prosperité, de leur activité et de leur intelligence. Cette grande vigueur d'esprit s'est développé en s'exerçant sur des mauvaises terres. Leurs principes furent imités autant que possible par les grands fermiers qui n'ont cependant pu atteindre les mêmes avantages dans la manière d'assoler les exploitations ; les petits fermiers pouvant y admettre ces rotations à long retour, les productions du sol n'en sont que plus abondantes. C'est vous tracer enfin une esquisse de leur genie createur, d'après les parties dans lesquelles ils ont portés l'agriculture à un plus haut dégré de perfection, qu'elle ne l'avait jamais été avant eux.

S'il est donc vrai que nos champs doivent leur fecondité à la grande division des terres en petites fermes, nous ne croyons pas devoir multiplier davantage les preuves confirmatives du principe que nous avons établi, pour parvenir à mettre en culture les terres en friche ; le succès dépend entièrement de donner au journalier la possibilité d'amasser un peu d'aisance.

---

(1) Que sait on si l'extrême besoin d'avoir des engrais ne les a pas fait faire les premiers essais d'employer les vidanges, dont l'usage est encore si peu répandu.

FIN.

RELEVÉ PAR ARPENT

Du nombre des journées d'hommes et de femmes compris au tableau d'une ferme exploitée à bras d'hommes.

1.° L'orsqu'on cultive le froment après la récolte des pommes de terre ou du lin, et le seigle après la récolte du froment.

AVANT L'HYVER.

Nombre d'opérations.		Nombre de journées. d'homm.	femm.
1	Pour charger trente voitures de courtes graises et les repandre.	1	»
2	Pour donner un labour à bras, et mettre le terrain en planches.	20	»
3	Pour l'ensemencer.	» 1/4	»
4	Pour y passer la herse.	2	»
5	Pour approfondir le sillons quils séparent les planches et tamiser la terre.	2 1/2	»
6	Pour comprimer la terre par dessus avec les pieds (cette opération ne s'opere pas pour le seigle.)	»	6

AU PRINTEMS SUIVANT.

7	Pour faire les arrachis de mauvaises herbes.	»	8

RÉCOLTE.

8	Pour couper le grain.	2 1/2	»
9	Pour lier les gerbes avec de la paille en bottes et les dresser sur leurs masses.	»	2
10	Pour charger la voiture avec le bled en gerbe.	1	»
11	Pour mettre le bled en grange ou meule.	2	»
	TOTAUX.	31 1/4	16

2.° Lorsqu'on cultive le sarrazin après l'orge coupé en verd.

1	Pour donner un labour à bras.	20	»
2	Pour l'ensemencer.	1/4	»
3	Pour y passer la herse.	2	»
4	Pour faire les arrachis des mauvaises herbes.	»	8

RÉCOLTE.

5	Pour couper le grain.	2	»
	A reporter.	24 1/4	8

Suite du Relevé.

Nombre d'opérations.		Nombre de journées. d'homm.	femm.
	Report.	24 1/4	8
6	Pour assembler les pieds coupés et les apporter aux batteurs.	»	4
7	Pour bâttre la graine au champ.	3	»
8	Pour vaner et nettoyer la grain au champ.	1	»
9	Pour charger la voiture avec la récolte.	1	»
10	Pour mettre la paille en meule.	1	»
	Totaux.	30 1/4	12

3.° Lorsqu'on cultive l'avoine après les navets.

1	Pour charger huits voitures du fumier.	1	»
2	Pour repandre huit voitures de fumier.	1	»
3	Pour donner un labour à bras.	20	»
4	Pour l'ensemencer.	1/4	»
5	Pour y passer la herse.	2	»
6	Pour y passer le rouleau.	2	»
	Suivent les cinq dernieres opérations comme pour le froment.	5 1/2	10
	Totaux.	31 3/4	10

4.° Lorsqu'on cultive l'avoine après le sarrazin.

AVANT L'HIVER.

1	Pour approfondir les sillons qui separent les planches et tamiser la terre sur les planches.	3 1/2	»

APRÈS L'HIVER.

	Les mêmes operations que ci-dessus.	31 3/4	10
	Totaux.	35 1/4	10

5.° Lorsqu'on cultive le lin après les carottes.

AVANT L'HIVER.

1	Pour approfondir les sillons qui séparent les planches et mettre en hotées la terre sur les planches.	3 1/2	»

APRÈS L'HIVER.

2 et 3	les deux prémiers opérations comme pour le froment.	21	«
	A transporter	24 1/2	»

Suite du Relevé.

Nombre d'opérations.		Nombre de journées. d'homm.	femm.
	Report.	24 1/2	»
4	Pour y passer la herser.	2	»
5	Pour l'ensemencer.	1/4	»
6	Pour y passer la herse pour enfourir la graine.	2	»
7	Pour y passer le rouleau.	2	»
8	Pour faire les arrachis des mauvaises herbes.	»	80
	Totaux.	31	80

6.° Lorsqu'ôn cultive les colzats aprés la 2.de coupe de trêfles.

AVANT L'HIVER.

1	Pour fumér, labourer, semer, herser, nettoyer la portion de terre pour obtenir ler pieds de colzats.	1/2	» 1/4
2	Pour charger quatre voitures de fumier.	1/2	»
3	Pour repandre quatre voitures de fumier.	1/2	»
4	Pour donner un labour profond au terrain.	30	»
5	Pour faire les arrachis des jeunes plants et le transport.	2	»
6	Pour les planter.	2	»
7	Pour glisser le plants dans les trous et les plomber avec les pieds.	»	4
8	Pour approfondir les sillons qoi séparent les planches et mettre la terre en hotées entre chaque plant.	3 1/2	»

APRÉS L'HIVER AU MOIS DE MARS.

9	Pour charger trente tonnes de courtes groisses et les répandre.	1	»
10	Pour faire les arrrachis de mauvaise herbes.	»	8

RÉCOLTE.

11	Pour couper les colzats.	4	»
12	Pour rassembler les pieds coupés et les rapporter aux batteurs	»	2
13	Pour faire battre la graine au champ.	5	»
14	Pour vaner et nettoyer la graine au champ.	1	»
15	Pour lier les pailles en bottes (il y en a qui les brulent au champ),	»	1
16	Pour charger la voiture avec la récolte	1	»
17	Pour metter la paille en meule.	2	»
	Totaux.	52	15 1/4

Suite du Relevé.

Nombre d'opérations.		Nombre de journées. d'homm.	femm.
	7.° Lorsqu'on cultive les carottes après les navets.		
	APRÈS L'HIVER		
	LA RÉCOLTE DES NAVETS ETANT LEVÉE		
1, 2, 3 en 4	prémiers opérations comme pour l'avoine.	22 1/4	»
5	Pour approfondir les sillons qui séparent les planches et tamiser la terre sur les planches.	2 1/2	»
6	Pour faire les arrachis des mauvaises herbes.	»	8
7	Pour faire les arrachis des carottes.	4	»
	RÉCOLTE.		
8	Pour les ramasser et couper les têtes.	»	8
9	Pour disposer l'endroit où l'on conserve les carottes et les couvrier de paille.	2	»
	TOTAUX.	30 3/4	16

	8.° Lorsqu'on cultive les trefles semées ensemble avec l'avoine.		
1	Pour l'ensemencer.	1/4	»
	AU MOIS DEMARS DE L'ANNÉE SUIVANTES		
2	Pour répandre les cendres.	1	»
	RÉCOLTE.		
3	Pour faucher les deux coupes.	5	»
4	Pour faire les bottes de trefles et charger lavoiture.	2	»
	TOTAUX	8 1/4	»

	9 L'orsqu'on cultive les navets en second récolte. après le seigle.		
1	Pour donner un labour à bras.	20	»
2	Pour l'ensemencer.	1/4	»
3	Pour y passer la herse pour enfouir la graine.	2	»
4	Pour faire les arrachis des mauvaise herbes et les éclaircir.	»	8
	RÉCOLTE.		
5	Pour faire les arrachis des navets, les lier en bottes et charger la voiture.	5	»
	TOTAUX.	27 1/4	8

Suite de Relevé.

Nombre d'opérations.		Nombre de journées. d'homm.	femm.
	10.° L'orsqu'on cultive l'orge après le seigle, pour être mangé en verd par le betail.		
	AVANT L'HIVER.		
1	Pour donner un labour à bras.	20	»
2	Pour charger huit voitures de fumier (il doit être très consommé).	1	»
3	Pour repandre huit voitures de fumier.	1	»
4	Pour l'ensemencer.	1/4	»
5	Pour approfondir les sillons qui séparent les planches et couvrir le fumier et la Graine en tamisant la terre sur les planches.	2 1/2	»
	AU PRINTEMS SUIVANT SE FAIT LA RÉCOLTE.		
6	Pour faucher la coupe, faire les bottes et charger la voiture.	3 1/2	»
	Totaux,	28 1/4	»
	11.° Lorsqu'on cultive les pommes de terre après l'orge.		
	AU PRINTEMS LA COUPE DE L'ORGE EN VERD ETANT FAITE.		
1	Pour donner un labour à bras.	20	»
2	Pour faires les sillons elevés avec la houe quarrée.	10	»
3	Pour charger six voitures de fumier.	» 3/4	»
4	Pour repandre six voitures dans les sillons.	2	»
5	Pour couper les œilletons (il est préferable de ne pas les couper.)	»	1
6	Pour jetter la pomme dans les sillons et rendre les planches unies.	2	2
	LORSQUE LES POMMES SONT LEVÉES DE TERRE.		
7	Pour charger trente tonnes de courtes graisses	1	»
8	Pour repandre à la main avec un cuiler de bois l'engrais.	2	»
9	Pour sarcler et hausser la terre à l'entour de chaque plant.	3	»
	RÉCOLTE		
10	Pour oter les pommes.	3	»
11	Pour les ramasser.	»	3
12	Pour charger la voiture avec la récolte.	1	»
	Totaux.	44 3/4	6

FIN DU RELEVÉ.

www.ingramcontent.com/pod-product-compliance
Ingram Content Group UK Ltd.
Pitfield, Milton Keynes, MK11 3LW, UK
UKHW021111260726
13994UKWH00002B/839